FURNISHING
DESIGN

从硬装到软装的系统化室内设计工具书

软装全案教程

全案思维 实操落地

李江军 龙涛 黄涵 编著

北京工艺美术出版社

图书在版编目（CIP）数据

软装全案教程/李江军，龙涛，黄涵编著. －北京：北京工艺美术出版社，2021.9

ISBN 978-7-5140-1987-2

Ⅰ.①软… Ⅱ.①李… ②龙… ③黄… Ⅲ.①室内装饰设计－教材 Ⅳ.①TU238.2

中国版本图书馆CIP数据核字（2021）第113676号

出 版 人：陈高潮
责任编辑：张怀林
装帧设计：徐开明
责任印制：高 岩

法律顾问：北京恒理律师事务所 丁 玲 张馨瑜

软装全案教程

李江军　龙 涛 黄 涵 编著

出 版	北京工艺美术出版社	
发 行	北京美联京工图书有限公司	
地 址	北京市朝阳区焦化路甲18号	
	中国北京出版创意产业基地先导区	
邮 编	100124	
电 话	（010）84255105（总编室）	
	（010）64283630（编辑室）	
	（010）64280045（发 行）	
传 真	（010）64280045/84255105	
网 址	www.gmcbs.cn	
经 销	全国新华书店	
印 刷	河北环京美印刷有限公司	
开 本	889毫米×1194毫米　1/16	
印 张	17	
版 次	2021年9月第1版	
印 次	2021年9月第1次印刷	
印 数	1～3000	
书 号	ISBN 978-7-5140-1987-2	
定 价	298.00元	

随着社会经济的不断发展和人民生活水平的逐渐提高，建筑和室内设计行业蓬勃发展，室内设计与人们的生活、工作及学习发生越来越密切的关系，日益受到人们的重视。在国内，为了完成更高品质的室内设计工作，室内设计通常默认为硬装设计和软装设计两部分，各自包含了非常系统且复杂的流程，软装设计部分也可叫作"软装全案设计"。

大型项目中，软装与硬装工作很多是同步进行的。硬装设计要考虑后期的软装，软装设计也要工作前置，去考虑硬装的一些细节，交叉工作思维要从一而终，而不是反复推翻各方的工作，让业主在中间做选择。所以不管是硬装设计师还是软装设计师都要具有全案设计的思维。

近几年来，全国各地开始陆续出台精装房的相关政策条例，也就是说，毛坯房交付的时代将逐步退出房地产市场。精装房在交付时基本已完成硬装施工，所以后期主要是在硬装的基础上通过软装设计完成入住前的装饰。

综合而言，硬装和软装的关系密不可分，想要在后期实现一个好的软装设计方案，一定要了解前期的硬装细节。比如通过硬装施工图可以清楚地知道每个空间的施工细节、施工材料等，在选择软装材料搭配硬装材料时会起到非常重要的作用。另外，施工图还提供了详细的尺寸，方便后期软装设计时对空间中大件物品的尺度把握，避免可能因为几厘米的误差导致一些家具放不下的麻烦。如果硬装设计存在某些方面的缺陷，也可以通过软装进行巧妙的弥补。硬装与软装相结合，才会成就一个非常完美的空间。

《软装全案教程》是一本真正对硬装与软装相结合进行深入解析的工具书，既对硬装材料和空间尺度等影响后期软装的因素作了详细阐述，也对风格、色彩以及摆场等软装细节进行面面俱到的总结归纳。全书内容包括软装全案设计师必修的入门课程、全案设计中硬装与软装的关系、软装全案设计常用的尺寸数据、软装全案色彩与纹样的搭配应用、软装全案中的布艺搭配技法、软装全案风格特征与设计要素、软装全案装饰材料的选择与应用、室内空间的软装摆场法则等内容。

本书力求结构清晰易懂，知识点深入浅出，摒弃了传统设计类图书诸多枯燥的理论，以图文并茂的形式，展开颇具深度的软装全案设计。本书不仅可以作为室内设计师和相关从业人员的参考工具书、软装从业者的普及读物，也可作为高等院校相关专业的教材。

目录
CONTENTS

第三章

软装全案设计常用的尺寸数据   41

第四章

软装全案色彩与纹样的搭配应用   67

第七章

软装全案装饰材料的选择与应用　　171

1

FURNISHING
DESIGN
软装全案教程

第 一 章

软装全案设计师
必修的入门课程

软装全案设计基础知识

1.1 软装的概念及全案思维

在房地产的大力发展下，为满足人们大量的设计需求，室内设计行业把重点放在前期的基础装修设计上，对后期的软装普遍关注度不够。其实硬装和软装设计的工作都包含了非常系统且复杂的流程，为了完成更高品质的相应工作，两者都更多地将关注点放到自己的工作范围内。逐渐的，行业中默认了室内设计分为硬装设计和软装设计两部分，软装设计部分也可叫作"软装全案设计"。

虽然近些年国家对商品房的宏观调控力度加大，但改善型住房及刚需房的需求量依然很大，同时精装房大量投入市场，逐渐提高了对软装设计从业者的能力要求。人们在生活品质及艺术个性化要求越来越高的情况下，软装的工作也相应地越来越专业化、系统化，不仅仅停留在简单提供产品的程度上。在满足色彩、材质、灯光、使用功能等基本设计要求的同时解决业主基本需求，更要为业主提供更优的生活方式，业主在参与设计的过程中，通过学习提升并且发现最适合自己的生活方式。

追求品位生活的业主大部分有着丰富的国内外生活阅历、广博的社会知识以及雄厚的资产背景，对于他们的生活认知，一些年轻设计师相对体会更加深刻，这时候对设计师的要求是要能追上业主的脚步提供相应或者更优的设计建议。随着精装房数量逐渐增加，以及购房者年龄逐年在降低，更应强调软装设计师艺术造诣及个性化设计的能力。

综上对软装的理解

运用科学的设计理论打造符合业主生活习惯，并能给出更优生活方式建议的，具有风格性、艺术性的综合设计搭配工作。

△ 软装与硬装密不可分，做硬装设计的同时最好要有软装设计的思维方式

△ 现代软装强调软装设计师艺术及个性化设计的能力

科技的高速发展和 5G 的普及打破了人们生活与工作的界限，2020 年的全球"新冠"疫情使"居家办公"的概念在全球兴起，在家时间变长的同时，也让人们对生活有了更深刻的反思。如何提升生活品质？在业主自己提高生活修养的同时，更多的工作都要由设计师来完成。这里说的设计师不仅仅局限于硬装或者软装设计。实际上，在国外室内设计行业中并没有软装、硬装之分，只是因为国内需求量过大，硬性分割出软装和硬装两个部分。

现代设计对细节要求越来越高，软装和硬装两项分割的工作如果没有交叉对接，就会出现很多的不足，以及设计中的漏洞。比如在硬装设计的过程中，如果不考虑后期软装的实际尺寸，在预留水电点位以及一些承重安全上会造成工程中的二次重复工作。

软装产品种类丰富、材质各异，对安装、摆放、灯光甚至安全条件要求极高。硬装设计的 CAD 图库内的家具尺寸是统一的，但是软装因风格不同，现代、中式、美式的家具尺寸比例差距很大，很多电源点位预留的位置都不太合适。大型的灯具因材质和体积的关系，分量很重，如果顶面或者墙面没有提前做好安全加固，很容易发生脱落甚至危险。在陈设饰品和装饰画的时候，如果前期的灯光设计不到位，那么再贵重的艺术品也凸显不出它的独特性。

> 类似的案例特别多，导致软装设计的第一步工作就是梳理硬装设计，不合适的地方要提前做出调整，所以在做硬装设计的同时最好要有软装设计的思维方式，即使不去做系统的软装工作，也可提前避免工程上的很多重复工作。

目前很多软装从业者没有硬装设计的经验，更不懂施工的整体工作流程，仅仅熟悉软装产品，设计一些家装的刚需标准户型相对容易，即使工程反复损耗也不是很大。但是对

别墅、豪宅、地产、酒店类项目，软装工作都需要前置，这样才能保证整体室内设计一体化。软装更能直接体现业主的生活品味细节，在哪里用餐、多大的餐桌搭配什么样的餐具、是否需要电源……对相关的尺寸比例、电源点位甚至空间动线都要提出合理的建议。很多时候，需要设计师通过软装对硬装的一些功能、材质搭配提出建议，这些都是熟悉产品之外具有硬装设计思维的工作。

大型项目中，软装与硬装工作很多是同步进行的。硬装设计要考虑后期的软装，软装设计也要工作前置考虑硬装的一些细节，交叉工作思维才能保证项目顺利进行，而不是反复推翻各方的工作，让业主在中间做选择。不管是硬装设计师还是软装设计师都要具有全案设计的思维，这里并不是说所有的工作细节都要懂，而是要了解相互之间的设计思维逻辑，在什么节点上配合工作是最合适的，并能给业主提供最佳的解决方案，这才是最优的设计。

& 元禾大千设计

△ 硬装设计要考虑后期的软装，软装设计也要硬装工作前置，两者结合才能形成一个完整的全案设计项目

1.2 软装全案设计构成元素

软装全案设计包括硬装材料、家用电器、家具、灯具、布艺、壁饰、摆件七大元素，每个元素又由许多细节构成。想成为一名软装全案设计师，必须熟悉和了解这些元素的风格类型、使用功能以及工艺等，以便在软装布置时更好地驾驭它们，充分发挥它们自身的特点及作用。

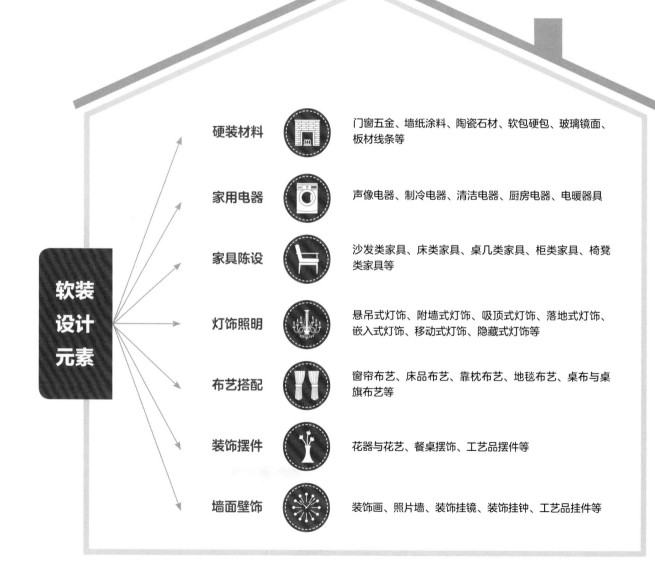

软装设计元素		
	硬装材料	门窗五金、墙纸涂料、陶瓷石材、软包硬包、玻璃镜面、板材线条等
	家用电器	声像电器、制冷电器、清洁电器、厨房电器、电暖器具
	家具陈设	沙发类家具、床类家具、桌几类家具、柜类家具、椅凳类家具等
	灯饰照明	悬吊式灯饰、附墙式灯饰、吸顶式灯饰、落地式灯饰、嵌入式灯饰、移动式灯饰、隐藏式灯饰等
	布艺搭配	窗帘布艺、床品布艺、靠枕布艺、地毯布艺、桌布与桌旗布艺等
	装饰摆件	花器与花艺、餐桌摆饰、工艺品摆件等
	墙面壁饰	装饰画、照片墙、装饰挂镜、装饰挂钟、工艺品挂件等

软装全案设计构成元素

类型		构成内容
硬装材料		在整个全案设计的过程中，硬装材料的运用占有极其重要的地位，其品种的选择、质量的优劣、款式的新旧都决定着整体设计档次的高低。材料的合理运用不仅能改善室内设计的品质，而且能在很大程度上提升居住时的舒适体验。硬装材料包括门窗五金、墙纸涂料、陶瓷石材、软包硬包、玻璃镜面、板材线条等。
家用电器		家用电器简称"家电"，是指日常生活中使用的以电能进行驱动的用具。家电可帮助执行家庭杂务，如炊事、食物保存或清洁等，已成为现代家庭生活的必需品。实用性是家用电器的基本特征，产品应具有基本的使用功能，结构合理，操作方便。家用电器通常包括声像电器、制冷电器、清洁电器、厨房电器、电暖器具等。
家具		家具是指日常生活中具有坐卧、凭倚、贮藏、装饰等功能的生活器具，是维持家居正常生活的重要元素之一。因其是软装设计中面积最大的组成元素，所以往往根据家具的风格来塑造整体风格基调。家具大致可以分为支撑类家具、储藏类家具、装饰类家具。包括沙发类家具、床类家具、桌几类家具、柜类家具、椅凳类家具等。
灯具		灯具的搭配对于体现空间特点起着至关重要的作用，除了可以满足室内的基本照明外，还能为家居环境营造出富有艺术气息的氛围。随着现代科技的进步，出现了荧光灯、节能灯、LED 灯等新型光源，使灯具设计发生了翻天覆地的变化。常用灯具包括悬吊式灯具、附墙式灯具、吸顶式灯具、落地式灯具、嵌入式灯具、移动式灯具、隐藏式灯具等。
布艺		布艺是软装设计中最为常用的一种元素，不仅作为单纯的功能性运用，更多的是调和室内的生硬与冰冷。丰富多彩的布艺图案可以为居室营造出或清新自然，或典雅华丽，或高调浪漫的格调。通常包含窗帘、床品、抱枕、地毯、桌布与桌旗等。
壁饰		壁饰是软装设计中的有机组成部分，它的出现给墙面增加一份艺术的美感，给室内带来一股灵动的气息，使得整个家居环境和谐美好。墙面壁饰通常包括装饰画、照片墙、挂镜、挂钟以及工艺品壁饰等。
摆件		摆件是软装设计中最有个性和灵活性的元素，它不仅仅是室内空间中的一种摆设，更多代表的是居住者的品位和时尚，给室内环境增添个性的美感。摆件通常包括花器与花艺、餐桌摆饰、工艺品摆件等。

软装全案设计师的职业素质

软装全案设计师除了具备设计的专业能力，还需要具有高水准的美学表达能力，以及对生活的感悟和对艺术的理解能力。优秀的软装全案设计师对元素的转换能力是很强的，能够把所有自然中看到的元素合理地转换为室内的装饰元素，从而营造出不同质感的空间。

一个专业的软装全案设计师 ➤ **建筑师 + 室内设计师 + 时尚达人 + 艺术家 + 摄影师 + 家具、布艺、花艺设计师 + 灯光师 + 生活体验专家 + 旅行家 + 销售经理 + 个人形象设计师**

2.1 派别类型

1. 专业类软装全案设计师

这类设计师一般由室内设计师转而从事软装设计工作。他们的优势是具有一定的专业背景，对于建筑景观与室内空间大都有独到的见解。专业型软装全案设计师更加注重软装设计与空间结构的衬托关系，在风格、色彩搭配以及材质选择上也更加注重空间与软装的协调性。

2. 艺术类软装全案设计师

由平面设计、服装设计、工业产品设计等其他设计行业转而从事全案软装设计工作的设计师，大多师从于艺术类院校，或者具有一定的美学功底。艺术型软装全案设计师在进行设计工作的时候，更加注重艺术美感，但不足之处是普遍缺乏建筑空间设计的基础能力。

3. 市场类软装全案设计师

由家居产品经销商及相关人员转而从事软装全案设计工作的设计师。市场型软装设计师大多没有建筑空间设计的专业背景，也缺乏一定的美学基础，但他们的优势在于了解市场，也了解产品。这类设计师的作品，往往堆砌得比较丰富，

产品之间的搭配也比较细腻。他们特别注重家居产品的选择，并且紧跟流行趋势。这类设计师也大多具有双重身份——在做设计的同时，实际上也是商品销售从业人员。

2.2 审美能力

审美能力是软装全案设计师的一门必修课。对于陶冶情操，启迪智慧，设计灵感具有重要作用。审美能力的高低对一个设计师的观察力、想象力、创造力的培养和发展都有非常大的作用。有些人天生审美能力就很强，运用在软装设计上是如鱼得水。但是审美能力是可以培养和提高的，如果想要成为一名出色的软装全案设计师，就需要了解和学习如何提高自己的审美能力。

1. 培养艺术方面的兴趣爱好

通过学习艺术理论以及相应的艺术实践，来提高自己的艺术鉴赏能力。也可以博览群书，不仅是名著小说，有关政治、历史、文化、社科等方面的书籍都应该涉猎，知识面越宽，审美的能力就越强。

工作之余，学学绘画、插花或是文学赏析，选择自己最感兴趣的一项，坚持下去，久而久之，审美能力就会有相应的提高。闲暇之余，让自己去听一场音乐会，或古典或爵士或蓝调或摇滚，要么去看一场话剧或是电影，这些活动都能帮助我们培养和提高审美能力。

△ 法国后期印象画派的代表人物保罗·塞尚的作品《埃斯泰克的海湾》

△ 荷兰画家文森特·凡·高所绘制的作品《花瓶里的三朵向日葵》

2. 从绘画作品中学习色彩

优秀的绘画作品中的色彩运用，倾注了艺术家们丰富的情感，画面中有秩序的色彩刺激着观者的心理和感情，例如蒙德里安的色块分割手法。从优秀的绘画作品中去采集色彩，是一条更直接、更有效的途径。尤其是一些极具现代感和现代精神的作品，诸如塞尚、凡·高、马蒂斯、毕加索等大师们的作品，既有现代审美理念，而且极富个性。

根据这些绘画作品获得的色彩灵感所进行的设计，将具有新鲜的不同变化的配色效果，特别有利于摆脱自己固有的用色习惯，突破自己用色的局限性，从而涉足更广阔的色彩世界，体验更多的色彩情韵。

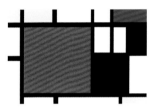

△ 蒙德里安的抽象画《红黄蓝的构图》

△ 蒙得里安的色块分割法已经越来越多地被应用于软装设计中

3. 从电影中学习色彩

电影是生活的一个缩影，它把生活中对色彩、空间的构成进行了浓缩，向电影学习色彩也是一个快速成长的方式。比如《了不起的盖茨比》这部电影非常有利于色彩的学习，里面很多镜头的色彩运用了金咖色，同时摆放了带有金属光泽的饰品来营造奢华的感觉，抱枕也选择了光泽感很强的丝绒材质。如果想设计一个欧式偏奢华的空间时，可以从这个镜头中提取色彩，并参照材质上的一些运用。又比如热播的电视剧《长安十二时辰》，剧中许多场景都运用了莫兰迪色作为色彩搭配，优雅、舒适、精致的高级感，让视觉达到了完美的平衡，对于学习新中式风格的色彩搭配有着很大的帮助。

△ 电影《长安十二时辰》的配色

4. 从时装中获取流行元素

作为设计师都非常清楚，每一年都会有流行色，在软装设计中，都习惯寻找当年或者明年的流行色或流行趋势，然后运到到空间里。那么，如何去获取色彩的流行趋势呢？我们通过时装周发布的信息，去把握当年或者下一年色彩的流行趋势以及整体设计元素的走向。时装周中，整个现场展示环境的设计，以及模特服装的造型、色彩搭配、刺绣花纹，还有模特的妆容以及头饰，都是获取流行元素和色彩的路径。

另外，观看发布会还要注意一些图案的使用。因为图案出现在画面中的大小比例直接影响整个空间的次序性以及美感。

△ 从时装中获取流行元素

2.3 良好的洞察力

洞察力是软装全案设计师的一项必备技能。洞察力是通过观察人的外部表征了解其内在特点。洞察力在日常生活中要经过不断的观察和练习总结。一旦具备了超强的洞察力，就能顺畅地与客户沟通想法，做出的设计才能令其满意。

1. 穿着

穿衣的样式和颜色不仅可以表露出一个人所从事的职业，还可以体现其个性修养。经常穿正装的客户性格严谨，

那么现代简约风格也许就很适合他。此外，服饰搭配的颜色可以辅助判断他的性格偏好，是热情的还是拘谨的，与其交流时及时调整说话的方式。

2. 言谈

通过与客户的言语交流，可以观察到有的人少言寡语，属于冷静、偏理性的性格；有的人口吐莲花，这样的人热情，容易冲动。有了这样的基本判断，交流时可以根据客户的说话特点，做出合适的应对。

3. 动作

人们在交谈时，身体各个部位都会有不同的动作习惯。大幅度动作有头、手、腿、脚的动作，细微动作有面部的微表情。比如客户双臂交叉，抱在胸前，说明他对你的观点比较排斥，不能接受。又如当你给客户提出一些设计建议的时候，他的腿呈张开的姿势，说明他在认真听并愿意接受。

4. 习惯

性格会反映在很多生活习惯上。比如握手、放置手机、打电话等习惯性动作。和客户初次见面时，如果设计师想快速掌握客户的心理信息，可以通过握手的方式来判断：握手时用力很大，且目光直视对方，这样的客户一般处理事情果断有主见；握手力度轻柔的客户，一般会比较随性豁达，容易相处。

2.4 穿着形象

设计师的穿衣品位直接影响到客户对你设计方案的认可度。闲暇时多看看服饰搭配的杂志或者网站，巴黎时装周之类的时尚活动也要关注。

1. 男性设计师穿衣形象

体态偏瘦的男设计师可以尝试戴一顶鸭舌帽，增加艺术气息，偏胖的男设计师可以穿中国风的棉麻之类的衣服。穿

衣打扮一定要让自己显得成熟、稳重，客户辛苦攒钱买的房子，当然希望交给一个靠得住的设计师。

2. 女性设计师穿衣形象

高跟鞋和淡妆是女设计师的两个必要装备。高跟鞋是彰显女性高贵气质的重要道具，会让人的身材比例更完美、更显高挑。另外，淡妆也是必不可少的，化妆是对别人的尊重，也是对自己的尊重。对于女设计师来说，个人形象最重要的是体现优雅、稳重的气质。

2.5 知识素养

软装全案设计师应具备丰富的专业知识和良好的语言组织能力，在此基础上才有机会签下高端客户。平时除了阅读设计专业方面的书籍，还要多读一些国学、历史方面的书籍，提高自己的文化修养。尤其是国学知识，这是设计师的必修课程。国内大部分中老年客户，特别是企业家、从政人员，对中式风格情有独钟，因为中式风格表现出来的端庄、内敛、含蓄的东方意境，是业主个人修养和文化内涵的表现。

此外，软装设计师还应多看一些专业案例解析的设计书籍，学习书中恰到好处的语言表述，并应用于实践。就像《舌尖上的中国》，一份普通的食物被描述得珍馐美味，这就是语言的艺术。

△ 中国红作为中国人的文化图腾和精神信仰，其渊源可追溯到古代对日神虔诚的膜拜

2.6 锻炼口才

想要成为一名签单业绩优秀的软装全案设计师，应学会用通俗、易懂的语言来表达专业的事物，在与客户交谈时这是非常必要的。第一步是丰富词汇量，并且语速要快，把话说明白、讲清楚，让听的人能听出你说的是什么。其次是往里面加知识点、加话题，让听的人始终保持兴趣高涨。当然，专业、成熟的语言描述能力，只看设计专业方面的书籍是远远不够的，还要不断扩大自己的知识储备，多读一些国学、历史、心理学方面的书籍，提高自己的文化内涵和修养。

针对窗帘的效果图，运用如下的简单描述

"香槟色与白色的搭配呈现出一股优雅高贵的气质。选用了爽滑的丝光面料，淡雅的光泽更能展现出雅致的格调。双层水波幔的设计加上荷叶边的镶边，使得幔头华丽而隆重，而帘体下摆的香槟色重工刺绣工艺与幔头上下映衬，从色彩上和形式上都形成非常和谐的呼应，使得整套窗帘比例协调、层次丰富。"

虽然没有更多深入的设计构思，但是流畅的语言可以初步为客户塑造一个可以想象的完美空间。

软装全案设计工作流程

国外的软装设计工作基本是在硬装设计之前就介入，或者与硬装设计同时进行，但国内的操作流程基本还是硬装设计完成后，再由软装公司设计软装方案，甚至是在硬装施工完成后再由软装公司介入。其实软装在硬装设计之前或与硬装同步开展，更能满足业主对生活空间的整体美化要求。

3.1 硬装环节工作流程

① 量房

在与业主做好沟通的情况下，需到现场测量出房屋的尺寸，其中包括房屋各空间的长宽尺寸、房记尺寸、门洞和窗洞尺寸，以及各下水管、排污管、地漏和家用配电箱的具体位置。

② 初稿设计、初步预算

根据现场测量的尺寸，绘制出房屋户型图，然后对房屋进行设计，根据初步设计做出装修预算表。

③ 约谈方案、定初稿

设计初稿完成后，应及时与业主进行沟通，根据业主的反馈意见，修改设计方案，并确定预算费用。

④ 约谈修改、完善方案

进行设计效果图制作，完成后再次预约客户看图。这个过程中，一般客户会提出一些修改意见。设计师根据图纸的修改进行预算的调整，与客户商谈预算造价的优惠情况。

⑤ 签订合同

与客户签订装修合同，这一步骤需要设计师指导，解释合同条款。

⑥ 施工图深化

签订合同后，设计师根据效果图和预算，完善前期的 CAD 平面图和剖面图。最终完成定稿后需客户签字认可。

⑦ 现场交底

一般会在签完合同的第二天，安排工人进场施工。同时，设计师需和施工项目负责人以及客户进行现场交底。告知项目负责人需要注意的设计要点、难点及要求，与工长商量具体施工要点。

⑧ 施工协调

在施工过程中，设计师应时常进行工地巡视，以保证施工与设计的一致性。

⑨ 协助购买主材

客户在采购主材时，设计师可陪同协助，把握材料与设计的整体风格，实现色调统一。

⑩ 竣工验收

工程完成后，设计师应召集业主、项目负责人以及工长一起进行验收。

3.2 硬装施工步骤

① 墙体改建

墙体改建是对整个居室空间布局的初步规划工作，也是所有硬装施工项目的根本。因此铲墙、砌墙以及搭建隔墙的工作需要摆放在第一步，在确定了大体的空间布局和功能性设备之后，才能够细化具体的工作。

② 水电、设备等隐蔽工程

水电施工进场交底，对照水电点位图，现场再确定一遍，避免有疏漏。水电改造施工必须规范，水管、电线都必须用质量合格的产品。水电改造完成后，必须做隐蔽工程整体验收，打压试水，做到万无一失。

在这期间，橱柜厂家、地暖、空调、新风、中央吸尘、智能家居等设备厂家也应碰头交底，确保前期预埋工程做到协调一致。瓷砖厂家可以上门测量尺寸并出地面铺装图，开始订货，瓷砖损耗一般按 3% 计算。

③ 瓦工阶段

墙面抹灰、拉毛、防水、铺砖，每一步都是细活，其中防水是重中之重。铺砖要灰浆饱满，不能有空鼓现象。在铺贴卫浴间等有水空间的瓷砖时，可提前买好地漏，瓦工师傅现场裁砖的时候一起安装，一定要注意放坡，保证水顺畅排出。

瓷砖铺装完后可以联系橱柜、门、衣柜、淋浴房等厂家过来复尺下单。

④ 木工阶段

木工项目包括室内的吊顶、隔墙、造型墙、门窗套、包垭口门洞等。木工造型一定要按图纸施工，不清楚的及时与设计师沟通。木工会影响整个空间的美感，在施工时，要注意垂直、水平、直角这三大原则，弧度和圆度一定要顺畅、圆滑。面积比较大的房子，施工时间比较赶的话，木工和瓦工可以同时进场施工。

在这期间，需要购买灯具、洁具及配套五金件，因为墙纸有一个订货周期，同时也要开始选购。

⑤ **油漆工阶段**

瓦工、木工完工后，油工会对不平整的天花、墙面开始找平、批刮泥子，所有的阴阳角垂直，天花、墙面平整，第三遍完成之后开始打磨，然后取下所有线盒保护盖，处理方正，棱角要修补细致。

⑥ **收尾安装阶段**

这个阶段是持续且琐碎的，购买的厨具、灯具、木门、木地板等都可以过来安装，以及地砖做美缝、家具进场、室内的环保检测治理、开通电视电话网络等。各个项目的安装都需要提前预约，做好安装准备并对各厂家提出要求，除了安装好、保护自己的项目以外，还要注意不要破坏其他已经完成的项目，并且清理带走垃圾。

墙体改建 ▸ 水电、设备等隐蔽工程 ▸ 瓦工阶段 ▸ 木工阶段 ▸ 油漆工阶段 ▸ 收尾安装阶段

3.3 硬装施工进度表

时间	09月份					10月份																11月份																12月份									
项目名称	26	27	28	29	30	1	3	5	7	9	11	13	15	17	19	21	23	25	27	29	30	1	3	5	7	9	11	13	15	17	19	21	23	25	27	29	30	1	3	5	7	9	11	13	15	17	19
1 拆除墙体																																															
2 搬运垃圾						国庆																																									
3 水电施工																																															
4 空调施工																																															
5 水电验收																																															
6 地暖施工																																															
7 地面找平																																															
8 木工进场																																															
9 泥瓦工进场																																															
10 木、泥工验收																																															
11 油漆工进场																																															
12 地板铺贴																																															
13 铝扣板安装																																															
14 套装门安装																																															
15 橱柜安装																																															
16 定制柜体安装																																															
17 门板台面安装																																															
18 水电工安装																																															
19 油漆修补																																															
20 保洁																																															
21 修补安装																																															
22 竣工验收																																															

3.4 软装环节工作流程

首次空间测量

进行软装设计的第一步，是对空间的测量，只有了解硬装基础，对空间的各个部分进行精确的尺寸测量，并画出平面图，才能进一步展开其他的装饰。为了使今后的软装工作更为得心应手，对空间的测量应当尽量保证准确。

与居住者进行风格元素探讨

在与客户探讨过程中要尽量多沟通，了解客户喜欢的软装风格，准确把握装饰的方向。尤其是涉及家具、布艺、饰品等细节元素的探讨，特别需要与客户进行沟通。这一步骤主要是为了使软装设计元素的搭配效果既与硬装的风格相适应，又能满足客户的特殊需要。

初步构思软装方案

在与客户进行深入沟通交流之后，接下来设计师就要确定软装设计初步方案。初步选择合适的软装元素，然后再根据软装设计方案的风格、色彩、质感和灯光等，选择适合的家具、灯具、装饰品、花艺、装饰画等。

完成二次空间测量

在软装设计方案初步成型后，就要进行第二次的房屋测量。由于已经基本确定了软装设计方案，第二次要比第一次的测量更加仔细精确。软装设计师应对室内环境和软装设计方案初稿反复考量，反复感受现场的合理性，对细部进行纠正，并全面核实饰品尺寸。

制定软装方案

在客户对软装设计方案达到初步认可的基础上，通过对于软装产品的调整，明确在本方案中各项产品的价格及组合效果，按照软装设计流程进行方案制作，出台正式的软装整体设计方案。

讲解软装方案

为客户系统全面地介绍正式的软装设计方案，并在介绍过程中不断听取客户反馈的意见，征求客户所有家庭成员的意见，以便下一步对方案进行归纳和调整。

调整软装方案

在与客户进行方案讲解后，深入分析其对方案的理解。同时，软装设计师也应针对客户反馈的意见对方案进行调整，包括色彩、风格等软装整体设计中一系列元素调整与价格调整。

确定软装配饰

一般来说，家具占软装产品比重的60%，布艺类占20%，其余的如装饰画和花艺、摆件以及小饰品等占20%。与客户签订采买合同之前，先与软装产品厂商核定价格及存货，再与客户确定产品。

签订软装设计合同

与客户签订合同，尤其是定制家具部分，需要确定定制的价格和时间。应确保厂家制作、发货的时间和到货时间，以免影响进行室内软装设计完工时间。

进场前产品复查

软装设计师要在家具未上漆之前亲自到工厂验货，对材质，工艺进行初步验收和把关。在家具即将出厂或送到现场时，设计师要再次对现场空间进行复尺，已经确定的家具和布艺等尺寸需在现场进行核定。

进场时安装摆放

配饰产品到场时，软装设计师应亲自参与摆放，对于软装整体配饰里所有元素的组合摆放要充分考虑到元素之间的关系以及客户生活的习惯。

做好饰后服务

软装配置完成后，应对客户室内的软装整体配饰进行保洁、回访跟踪、保修勘察及送修。

3.5 软装摆场步骤

摆场是软装设计的最后一个环节，是将设计方案用实际物品呈现出来的过程，其顺序有严格的要求，并且事先要做好精心的准备。软装物件摆放位置的不同，会带来不一样的装饰效果。因此，合理的布置家具、灯具以及工艺饰品等软装元素，对于营造家居氛围有着十分重要的作用。此外，还要处理好软装配饰与空间的关系，以营造最为舒适的家居环境为准则，让配饰与设计在室内空间中得以更好地展现。

保护现场

到了需要摆放和装饰的场地以后，应在进场前做好保护措施，比如提前准备好手套、鞋套、保护地面的纸皮等。此外，在搬运物品时要格外小心，避免发生磕碰。

安装灯具

一般摆场时最先安装的是灯具，因为灯具的安装需要用到一些专业工具。并且安装的过程中会产生灰尘，另外有时会涉及超高的层高，安装人员需要借用硬装施工的脚手架。如果灯具总重量大于3千克，需要预埋吊筋。

安装窗帘

窗帘由帘杆、帘体、配件三大部分组成。在安装窗帘的时候，要考虑到窗户两侧是否有足够放窗帘的位置。如果窗户旁边有衣柜等大型家具，则不宜安装侧分窗帘。窗帘挂上去后需要进行调试，看能否拉合以及高度是否合适。

摆设家具

待灯具以及窗帘安装完毕后，就可以进行家具的摆设了。像沙发、餐桌、茶几、床这类家具首先需要按照不同区域进行归位，然后进行摆放和安装。这部分工作也可以和窗帘的安装交叉进行。摆设家具时，一定要做到一步到位，特别是一些组装家具，过多的拆装会对家具造成一定的损坏。

悬挂装饰画

家具摆好后，就可以确定挂画的准确位置。装饰画的数量贵精不贵多，而且装饰画悬挂的位置必须适当，可以选择悬挂在墙面较为开阔、引人注目的地方，如沙发后的背景墙以及正对着门的墙面等，切忌在不显眼的角落和阴影处悬挂装饰画。

6 摆设装饰品

装饰品不仅能体现居住者的品位，而且是营造空间氛围的点睛之笔。装饰品的陈设手法多种多样，可以根据空间格局以及居住者的个人喜好进行搭配设计。

7 铺设地毯

在铺设地毯之前，空间内的装饰以及软装摆场必须全部完成。地毯按铺设面积的不同可以分为全铺与局部铺，如果是大面积全铺，应先将地毯铺好，然后将保护地毯的纸皮铺到上面，避免弄脏。

8 细微调整

待所有的软装摆场都完成后，还需根据整体软装所呈现出的装饰效果进行细微的调整，让空间布局显得更加合理、细致。如果家具、装饰品的摆放角度及位置有更好的选择，可以在不影响整体布局的情况下进行适当的调整。

3.6 软装项目进度表

软装进度表																																			
时间	天数																																		
采购项目	1	2	3	4	5	6	7	8	9	10	11	12	13	14	15	16	17	18	19	20	21	22	23	24	25	26	27	28	29	30	31	32	33	34	35
家具																																			
灯饰																																			
装饰画																																			
地毯																																			
装饰品																																			
花艺																																			
窗帘																																			
床品																																			
	方案图纸确认期																																		
	色板与物料板确认期																																		
	采购期																																		
	制作期																																		
	整理出货																																		

软装全案设计方案制作

4.1 项目特点分析

根据客户的性质，软装全案设计师的项目大概分为售楼处与样板间、酒店、办公空间、商业空间、家居空间等。

项目类型	方案要求
售楼处与样板间	需要了解整个楼盘的区域定位、目标客户、销售卖点等，必须对项目本身的规划和定位有系统的了解。其次要研究样板间的户型结构特点，看如何有效地弥补户型或硬装的不足。
酒店	酒店的软装设计强调文化，酒店的文化又是多方面的，如酒店的历史传承、地域特色、整体星级档次定位等。酒店的很多软装部分都是定制型的，雕塑、摆件、挂画、窗帘等都要非常考究，具有文化方面的积淀。
办公空间	办公空间分为办公区、接待区、会议区、经理室、茶水间、休息区、前台等，不同的区域功能所选择的家具形态、色彩和灯光造型都是不一样的，需要设计师有比较全面的设计能力。
商业空间	餐厅、KTV、美容院等商业空间项目强调低成本，因为装修的频率非常高，多则 3~5 年，少则 2~3 年，整体形象就要更新一次，所以在软装物品的选择上更倾向于物美价廉。
家居空间	通过与业主深入的沟通，充分了解到业主的习惯、喜好和对生活的追求等信息，然后利用专业的手法，将客户的这些诉求完美呈现在设计当中，拿出适合客户的个性化家居空间设计方案。

4.2 项目硬装情况分析

通过项目的硬装效果图和 CAD 设计图纸，会对整个项目的空间有基本的了解和直观的认识。

效果图是已经获得客户认可的最后装饰效果，在有了效果图所表现的设计手法和陈设方向后，对于项目的硬装部分有哪些优缺点都会有很直观的认识，可以为制作软装方案打下坚实的基础。

通过平面图可以了解到工地现场的各方面信息。通过施工图可以清楚地知道每个空间的施工细节、施工材料等，在

选择软装材料搭配硬装材料时，会起到非常重要的作用。另外，施工图还提供了详细的尺寸，方便后期进行软装设计时，对空间中大件物品的尺度把握，避免可能因为几厘米的误差导致一些家具放不下的麻烦。

根据硬装施工的进度，设计师一定要到现场进行实地考察，想要在后期实现一个好的软装设计方案，一定要了解硬装的选材，如地砖、墙纸、软硬包、吊顶、石材等。如果硬装设计存在某些方面的缺陷，也可以通过软装进行巧妙的弥补。硬装与软装相结合，才能成就一个非常完美的空间。

4.3 方案制作的四大定位

1.风格定位

在软装全案设计的过程中，需要根据客户的要求对室内风格进行定位，像一些客户喜欢古典的风格，一些客户喜欢现代的风格，设计师需要根据室内空间的实际情况，运用有效的设计方法，满足客户对室内空间的要求。

软装属于商业艺术的一种，不能说哪种风格一定是好还是不好，只要适合业主的就是最好的。近几年，装饰风格不断演变，更多的设计师喜欢混搭，别有一番感觉。具体可根据实际情况来决定做某种纯粹的风格还是混搭风格。

类型	特点	受众群体	适用场所
中式	稳重 文化	传统文化喜好	会所 别墅 餐厅 文化空间
欧式	浪漫 奢华	西方文化喜好者	别墅 家居馆
地中海	乡村 朴实	国外经历 度假需求	沿海城市 度假空间 酒店民宿
美式	温馨 实用	家庭需求	公寓 别墅
现代简约	时尚 干练	都市白领	公寓 办公
北欧	自然 朴实	年轻 文艺青年	小户型 LOFT
港式	奢华 商务	中年人 商务需求	公寓 酒店
后现代	个性 艺术	年轻人 艺术家	普宅 艺术空间
东南亚	自然 神秘	女性 度假需求	酒店 SPA 会所
工业风	硬朗 粗狂	男性 年轻人群	LOFT 咖啡厅
日式	简约 自然	注重实用性 崇尚自然朴素	公寓 民宿
装饰艺术	奢华 个性	都市白领 国外经历	别墅 家居馆 会所

2. 材质定位

设计者一定要非常了解软装所涉及的各种材质，不但要熟悉每种材质的特点，还要掌握如何通过不同材质的组合来搭配相应风格的空间。比如要打造一个美式乡村风格空间，家具尽量选择做旧工艺，木料尽量选择橡木或桃花心木，再搭配棉麻制品和铁艺灯具，这样的组合就会把粗犷、随性、自然的美式风格特点表达得淋漓尽致。

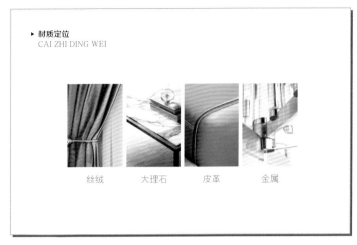

△ 软装方案材质定位参考示意

3. 色彩定位

在一个空间的软装全案设计中，色彩具有无可比拟的重要性，同样的摆设手法，会因为色彩的改变呈现出不同的气质。色彩搭配只有符合构图美学，才能处理好主体和背景的关系，发挥出色彩对空间的美化作用。软装设计当中，设计主题定位之后，就要考虑空间的主色系，运用色彩带给人的不同心理感受进行规划。比如确定了空间是地中海风格，配色上一般以蓝白色调为主；如果确定是新中式风格，那么空间色彩就以木色、褐色为主。

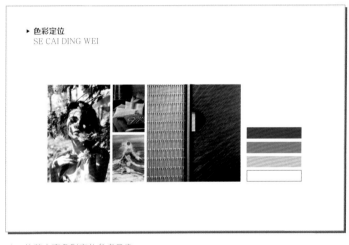

△ 软装方案色彩定位参考示意

4. 元素定位

确定在项目中会出现什么元素，现代还是复古，奢华还是内敛。然后把确定元素运用到空间中。比如客户喜欢绘画，那空间中可以出现一些绘画作品的元素；如果客户喜欢茶道，可以考虑单独设计一个茶室。

4.4 方案素材库的建立途径

素材库的丰富程度会左右方案的质量优劣，没有相关的素材，即使有了很好的创意，也无法完成一个完整的软装方案。设计师和软装公司都要不断积累素材，最好定期进行分门别类的归纳工作，这样在制定设计方案时就会比较轻松。

如果平时积累的素材很多，选择的准确性就要考验设计师的艺术功底。要梳理好哪些是主要的、哪些是次要的；根据具体的项目确定，有时候是以家具为主，有时候是以饰品为主，具体的项目中不同出发点就有不同的选择。

寻找软装方案素材通常有以下几种途径

网络素材	很多大师的画作可以从国外的博物馆网站进行下载，这是目前获得软装素材的最简单方式，但是价格体系不易建立。
国内外展会	除了参加国内各大家居展之外，现在很多软装公司或工作室通过参与米兰家具展等国际顶尖展会，与境外软装商家建立了非常广泛的合作，由此建立的素材库具有国际水准。
生产厂家	建立和国内外终端生产厂家的长期合作和沟通，有助于建立一个相对完善的产品素材库和产品价格体系。
原创制作	想要成为一名优秀的软装设计师，最好不要一味地进行采购，做商品堆砌，应该注重软装产品的原创制作及创新。只有具备一定创新能力的设计师才能被市场接受，受到客户推崇。

4.5 软装方案排版形式

软装全案设计方案的呈现，如同学习素描和色彩，要注重画面的整体感。在制定软装设计方案时，也需遵循空间设计的统一原则。最好先确定色彩和材质的主线，从整体出发的搭配才会显得更协调。

软装方案通常有以下几种排版方式

概念方案排版方式	形式比较简单，经常用在方案前期的一个概念形式上。
线性导视排版方式	主要是把平面图结合想表达的意向图片，用线形的方式连接在一起，比较简单易懂，就是美观上稍微差一点。
立面排版方式	经常会用于一些私人客户的方案当中，因为私人客户对空间的概念性没有那么好，这样可以看得更直观一些。
情景组合排版方式	情景组合排版形式的难度系数略高，因为需要一些修图软件来辅助完成，其展示形式从视觉效果上会相对漂亮一些，通常会用在投标项目上。

4.6 **软装方案设计模板**

① 封面设计

　　封面是一个软装设计方案给甲方的第一印象，是非常重要的。封面的内容除了标明"某某项目软装设计方案"外，整个排版要注重设计主题的营造。封面选择的图片清晰度要高，内容要和主题吻合，让客户从封面中就能感受到这套方案的大概风格方向，引起客户的兴趣。

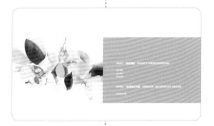

② 目录索引

　　方案部分的索引目录是每个页面实际要展示内容的概括标题，根据逻辑顺序列举清楚，可以简单地配图点缀，面积不要太大。

③ 客户信息

　　客户信息需要描述清楚客户的家庭成员、工作背景和爱好需求，再通过这些信息延展到客户对使用空间的真正设计需求。

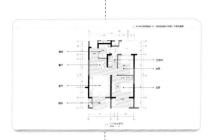

④ 平面布置图

　　客户居住空间的平面布置图，图片最好清晰完整，去除多余的辅助线，尽量让画面看起来简洁清爽。

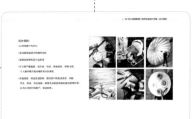

⑤ 表达设计理念

　　设计理念是贯穿整个软装工程的灵魂，是设计师传递给客户"设计什么"的概念，所以在这页通过精练的文字表达清楚自己的思想。

⑥ **风格定位**

　　一般软装设计风格基本都延续硬装的风格。虽然软装有可能会区别于硬装，但是一个空间不可能完全把两者割裂开来，更好地协调两者的关系才是客户最认可的方式。

⑦ **色彩与材质定位**

　　设计主题定位之后，就要考虑空间色系和材质定位。运用色彩给人的不同心理感受进行规划，定位空间材质找到符合其独特气质的调性，用简洁的语言表述出细分后的色彩和材质的格调走向。

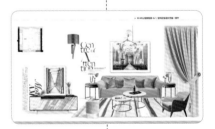

⑧ **软装方案**

　　根据平面图搭配出适合的软装产品，包括家具、灯具、饰品、地毯等。方案排版需尽量生动、符合风格调性，这样更有说服力。

⑨ **单品明细**

　　将方案中展示出的家具、灯具、饰品等重要的软装产品的详细信息罗列出来，包括名称、数量、品牌、尺寸等，图片排列整齐，文字大小统一。

⑩ **结束语**

　　封底是最后的致谢表达礼仪，版面应简洁，让人感受到真诚，风格和封面呼应，加深观看者的印象。

软装全案设计谈单技巧

5.1 谈单前需要了解的客户信息

根据客户的性质，软装全案设计师的项目大概分为售楼处与样板间、酒店、办公空间、商业空间、家居空间等。

📄 客户信息调查表

家庭构成	从了解谁居住房子开始，再了解每个家庭成员的身高情况。有孩子的家庭主要了解孩子的年龄和性别，这些将直接影响孩子房间的构造方法。
对住所的基本想法	首先了解家庭的定位。是否养育孩子，在风格上会有很大的不同。
家庭成员的生活方式	通过采集客户家人共同度过的时间和地点等信息来考量客厅和餐厅的设计思路，因此了解客户业余时间主要是在哪里度过以及假日的度过方式也是很重要的。
个人的生活	作为决定个人使用空间的参考。要询问客户是否需要特别的空间，以及是否想要收纳特殊的物品等需求。此外，可以询问客户的工作、兴趣、爱好等，进行更深层次的交流。
对儿童房的想法	有必要倾听有关父母和子女的需求，并将其反映在儿童房的设计方案中。
对房间的具体要求	业主所需要的房间功能分割及面积大小分配，也是设计师无法忽视的部分。对客户需要放入的包括家具在内的物品尺寸一定要进行确认。
未来家庭结构的变化	特别要确认5年后、10年后、30年后的家庭会变成什么样子？需要了解例如孩子长大后，房间怎么利用的问题，另外也要确认是否与父母一起居住，还是父母晚年独居的生活方式等。

5.2 多个家庭成员的客户谈单方法

住宅的软装设计肯定会涉及多个家庭成员。如果遇到父母和孩子两代人住在一起，父母喜欢中式，儿女喜欢欧式，双方意见不统一的时候，就需要设计师在两代人之间做好协调工作，不可得罪任何一方，充当双方的调和剂。多人组成的客户，话语权在谁手里直接决定了单子的去留，所以话语权尤为重要。那么，如何确定话语权的持有者呢？

首先提出问题，去试探你的怀疑目标，让客户给出答案或者给予反馈。分析答案和反馈信息，确定客户家庭中掌握话语权的人。其次，在确定话语权的归属之后，设计师的思考方式要略微偏重于拥有话语权的人，但也要安抚其他的家庭成员，两者兼顾。一定要注意，思维权重不能偏向太多，一旦其他家庭成员觉察，在日后的交流或设计过程中可能会产生敌对负面情绪。最后，减少和话语权人之间的隔阂，但要注意把握适度，距离要恰到好处。

5.3 客户类型分析

类型	特点	处理方式
冲动型客户	① 这类客户具有性格急躁、说话语速快、做事干净利索的特征，甚至未交流直接就问"我的房子装修完需要多少钱"的问题。 ② 穿衣具有干净、利索、整洁的特点。	① 以最简单的方式解答客户的问题。 ② 告知客户对于后期可能存在的问题你都可以解决，给客户吃一颗定心丸。 ③ 谈单前做好铺垫，沟通能想到的所有细节。这类客户一般性子急，所以做是否签单的决定也比较快。如果经过两个回合的交锋，客户还没交定金，那你可以直接放弃，不要再浪费时间了。
纠结型客户	① 一般带着一种"是否会被欺骗"的心态面对，有一种怕上当的感觉，对于自己要不要确定始终犹豫不决。 ② 细碎问题问得多。 ③ "好""行""没问题"是他们的口头禅，但是一说到交定金，就打退堂鼓了，说要再考虑考虑。	① 思考问题一定要比客户周全。 ② 针对性地提出问题，用引导法让客户给出尽量详尽的答案。 ③ 说话的语速一定要稳、慢。对方案做一下简要概述，帮助客户理清思路。
主见型客户	① 这类客户的特点就是自信，这是由他的社会地位和身份决定的，要么是官员，要么是企业高管。 ② 穿衣整洁利索、低调素雅，总之是不张扬。	① 谈单中察言观色，摸索对方的关键点和兴趣点，然后展开话题，分析其需求。 ② 敢于对客户说不，同时运用专业知识、阅历、作品来展现自己的价值。 ③ 对此类客户进行反问式谈单，增强自己的气场，显示自己的专业性。
理智型客户	① 在进行交谈之前都会收集各种的相关信息，甚至已经对比好几家公司了。 ② 在沟通过程中，这类人往往不动声色，可能需要多次面谈才能取得效果。	① 这类客户喜欢独立思考，往往有自己的判断。如果设计师夸大其词，有可能会招致他们的反感，而且他们一旦做出选择，一般不会改变立场。 ② 力求给对方一种自己是专业设计师的感觉，任何语句都是站在客户的立场为他提供最专业的解答。
挑剔型客户	① 主观意识较强，往往对某些事带有某种偏见，爱挑毛病，经常还抓住毛病不放，把缺陷放大，甚至无理取闹。尤其在价格上纠缠不休。 ② 在沟通过程中即使一些无关紧要的问题也会过问。	① 要耐心倾听，并保持良好的态度，以最快的速度判断客户挑剔的真实原因。 ② 如果客户有意愿，一定要帮客户解答他内心中的疑问。 ③ 最好能向客户做出承诺和保证，清除客户内心的担忧。

5.4 谈单时的节奏把控

软装设计师在跟客户的沟通中，除了自我定力和约束力，还有一个决定谈单是否成功的重要环节——节奏把控。谈单的节奏与客户的情绪是密切相关的。

刚接触客户时，先请客户介绍他的想法，设计师尽量少说话，这段时间里整个节奏是平缓的，让客户多说，设计师在这个时候伺机寻找突破口。当设计师开始阐述的时候，节奏是上升的，通过对客厅、餐厅、玄关、卧室空间的软装方案描述，让客户对你的设计方案产生浓厚的兴趣。但是切忌在这个时候要求其交定金，不然，客户容易产生防备、抵触的情绪。当设计师为客户的新家蓝图描绘达到顶点的时候，说话节奏要慢慢往回收，可以预留一些当下解决不了的问题，把问题留给时间，然后做最后的收尾——签订单（合同）。

2

FURNISHING
DESIGN
软装全案教程

第 二 章

全案设计中
硬装与软装的关系

空间界面造型的设计形式

1.1 常见的吊顶设计造型

吊顶具有丰富多样的造型设计，可根据空间的层高、用途以及装饰风格等具体因素进行搭配。吊顶造型与软装设计有着紧密的联系，比如在餐厅中设计圆形吊顶，通常会选择圆桌进行呼应，寓意圆满幸福。

吊顶造型

造型分类		设计特点
平面式吊顶		平面式吊顶是指没有坡度和分级，整体都在一个平面的吊顶设计，其表面没有任何层次或者造型，视觉效果非常简单大方，适合各种装修风格的居室，比较受到现代年轻人的喜爱。一般房间高度在 2750mm 时，建议吊顶高度在 2600mm，这样不会使人感到压抑。
灯槽式吊顶		灯槽式吊顶是比较常用的顶面造型，整体简洁大方。施工过程中只要留好灯槽的距离，保证灯光能放射出来就可以了。吊顶高度最少下沉 160mm，一般是 200mm，因为高度留太少了灯光透不出来，而灯槽宽度则与选择的吊灯规格有关系，通常在 30~60cm。
井格式吊顶		井格式吊顶是利用空间顶面的井字梁或假格梁进行设计的吊顶形式，其使用材质一般以石膏板或木质居多。有些还会搭配一些装饰线条以及造型精致的吊灯。这种吊顶不仅容易使顶面造型显得特别丰富，而且能够合理区分空间。
迭级式吊顶		迭级式吊顶是指层数在两层以上的吊顶，类似于阶梯的造型。迭级吊顶层次越多，吊下来的尺寸就越大，二级吊顶一般往下吊 20cm 的高度，但如果层高很高的话也可增加每级的高度。层高矮的话每级可减掉 2~3cm 的高度，如果不需要在吊顶上装灯，每级往下吊 5cm 即可。
线条式吊顶		有些室内空间会以线条勾勒造型作为顶面装饰，如使用木线条走边或金属线条的装饰造型等。还有些层高不够的空间，会用顶角线绕顶面四周一圈作为装饰，其材质主要有金属线条、石膏线条与木线条等。

1.2 常见的墙面设计造型

　　墙面装饰的设计造型多种多样，但需要注意的是软装全案设计中的墙面造型不光是指墙面硬装施工完成后的造型，而应考虑后期加入墙面软装元素和柜类家具之后的整体呈现效果。通常可以分为单一型、不规则型、规则排列型、上下组合型、对称排列型以及视觉中心型等。

📄 墙面造型

造型分类		设计特点
异形造型		分为三种形式：一种是利用石膏板、软包等材料在墙面上装饰出凹凸的异形造型，展现出强烈的时尚气息；其次是在一些现代风格的小户型墙面上安装异形的柜类家具，如书柜或各种置物柜等；还有一种是把多个墙面软装元素组合成各种不规则图形，如装饰镜、照片墙以及各种装置艺术等。
规则排列型		通常是指墙面软装元素以规则排列的形式呈现，较为常见的是装饰画和照片墙，这类墙面通常给人以齐整有序的视觉效果。在具体装饰时，应注意相邻两幅画的间隔控制在 5~8cm 内，如果间隔太远会让人觉得零散杂乱。
单一材质型		是指整个墙面采用同一种装饰材料完成，如墙纸、墙砖等。有些会通过材料本身的色彩与纹理制造层次感，如果整面墙的材料是同一种色彩，往往可以作为背景更好地衬托出墙面软装元素和柜类家具。这类墙面的装饰形式通常应用在简约风格的小户型中。
上下组合型		是指墙面分成上下两部分装饰，给人别具一格的视觉效果。除了 AB 版的墙纸之外，很多卫浴间的干区的墙面会采用下半部分铺贴墙砖，上半部分铺贴墙纸或刷墙漆的形式。此外，有些安装墙裙的墙面实际上也是上下组合型的墙面装饰形式。
对称排列型		常见左右对称的形式，通常应用在需要表现庄重氛围的室内空间，以中式风格和欧式风格的墙面居多。除了装饰材料完成的对称造型之外，后期的墙面软装元素和柜类家具也会相应地遵循对称布置的原则。
视觉中心型		分为两种形式：一种是指在欧美风格的客厅墙面居中安装壁炉，台面上摆设各类精美的摆件，壁炉上方的墙面挂装饰画或装饰镜，以此形成整面墙的视觉中心；第二种是指室内墙面上装饰一个或一组造型或色彩较为突出的挂件，从而达到吸引人的视线的目的。

1.3 地面拼花设计形式

　　光洁度高的地面能够有效地给人以提升空间高度的感受，但带有很强立体感的地面拼花不仅能够活跃空间气氛，体现独特的豪华气质，同时也能够使空间显得更加充实。地面的拼花与平面形式和人体尺度之间也有一定的关系，完整连续的拼花可以提供空间完整性，但拼花的空间尺度关系应具有和谐的比例。地面拼花在欧式与中式风格空间中较为常见，按装饰材料可分为石材拼花和木地板拼花两种类型。

地面拼花风格类型

风格类型		设计特点
中式风格地面拼花	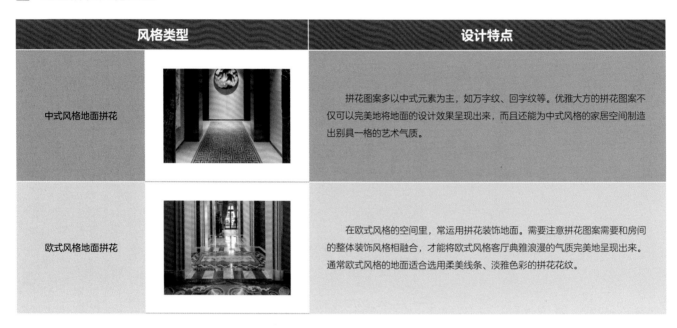	拼花图案多以中式元素为主，如万字纹、回字纹等。优雅大方的拼花图案不仅可以完美地将地面的设计效果呈现出来，而且还能为中式风格的家居空间制造出别具一格的艺术气质。
欧式风格地面拼花		在欧式风格的空间里，常运用拼花装饰地面。需要注意拼花图案需要和房间的整体装饰风格相融合，才能将欧式风格客厅典雅浪漫的气质完美地呈现出来。通常欧式风格的地面适合选用柔美线条、淡雅色彩的拼花花纹。

地面拼花材料类型

材料类型		设计特点
石材拼花		有些拼花呈现线性的美感，有的拼花呈菱形或圆形，极大丰富了地面的装饰效果，同时还可以在视觉上增加地面的立体感觉。像木纹砖、仿古砖、抛晶砖、小花砖等，可以是一种颜色、不同铺贴方法，也可以由几种色彩组合而成，总是能带来不一样的感受。
木地板拼花		采用同一树种的多块地板木材，按照一定图案拼接而成，其图案丰富多样，并且具有一定的艺术性或规律性，有的图案甚至需要几十种不同的木材进行拼接，制作工艺十分复杂。拼花木地板的板材，多选用水曲柳、核桃木、榆木、槐木、枫木、柚木、黑胡桃等质地优良、不易腐朽开裂的硬杂木材。

地面拼花通常有三种设计形式：一种是强调拼花本身的独立完整性，例如会议室的地面可采用内聚性的图案，以显示会议的重要性，色彩要和会议室空间相协调，取得安静、聚精会神的效果；第二种是强调拼花的连续性和韵律感，具有一定的导向性和规律性，多用于玄关、走道及常用的空间；第三种是强调图案的抽象性，自由多变，自如活泼，常用于不规则或布局自由的空间。

地面拼花装饰基本的要点是提前设计好图纸，然后按照预先设计的方案铺贴，这样才能达到预先设计的效果。在拼接过程中如果擅自改变设计要求，往往会很不成功。有些圆形的拼花难以施工，简单的做法是在电脑上把大样放出来，然后用按度数分割大样的方式进行铺贴，这样可以有效地防止铺贴的误差。注意应在施工之前把家具的尺寸和位置确定好，根据平面的家具布置来设计地面拼花。

△ 强调连续性和韵律感的纹样

△ 界定出独立空间的纹样

△ 自由多变的抽象型纹样

地面拼花无论是在休闲区还是客厅，抑或是玄关中都会用到，为了让拼花具有很好的装饰效果，要求在设计的时候就应将拼花融入整个空间设计方案中，使得拼花与地面上的家具、顶面的造型以及灯具都呼应起来，这样拼花才能起到真正的作用。

硬装材料对空间配色的影响

2.1 自然材质与人工材质

家居空间常用材质一般分为自然材质和人工材质。自然材质的色彩细致、丰富，多数具有朴素淡雅的格调，但缺乏艳丽的色彩，通常适用于清新风格、乡村风格等，能给空间带来质朴自然的氛围。人工材质的色彩虽然较单薄，但可选色彩范围较广，无论素雅或鲜艳，均可得到满足，适用于大多数软装风格。

2.2 冷质材料与暖质材料

玻璃、金属等给人冰冷的感觉，被称为冷质材料；而织物、皮草等因其保温的效果，被认为是暖质材料；木材、藤材的感觉较中性，介于冷暖之间。当暖色附着在冷质材料上时，暖色的感觉减弱；反之，冷色附着在暖质材料上时，冷色的感觉也会减弱。因此，同样是红色，玻璃杯比陶罐要显得冷；同样是蓝色，布料比塑料要显得温暖。

△　人工材质

△　当冷色附着在暖质材料上时，冷色的感觉会减弱

△　自然材质

△　当暖色附着在冷质材料上时，暖色的感觉会减弱

2.3 材料表面的处理方式

材质的表面有很多种处理方式，即使是同一种材料，以石材为例，抛光花岗岩表面光滑，色彩纹理表现清晰，而烧毛的花岗岩表面混沌不清，色彩的明度变化小，纯度降低。物体表面的光滑度或粗糙度可以有许多不同级别，一般来说，变化越大，对色彩的改变也越大。

材质本身的花纹、色彩及触感称为肌理。肌理紧密、细腻的效果会使色彩较为鲜明；反之，肌理粗犷、疏松会使色彩黯淡。有时对肌理的不同处理也会影响色彩的表达。同样是木质家具上的清漆工艺，色彩一样，光亮漆的色彩就要比亚光漆来得鲜艳、清晰。

& 胡中维设计

△ 即使同样都是皮质，也会因表面肌理的区别而使同一种色彩呈现出不一样的视觉效果

2.4 自然肌理纹样和创造肌理纹样

材料肌理是指墙面装饰材质表面的组织纹理结构，即各种纵横交错、高低不平、或粗糙或平滑的纹理变化，是表达人对设计物表面纹理特征的感受。任何材料表面都有其特定的肌理表面。有的肌理粗犷、坚实、厚重、刚劲，有的肌理细腻、轻盈、柔和、通透。材料肌理纹样分为自然肌理纹样和创造肌理纹样。

📄 材料肌理纹样特征

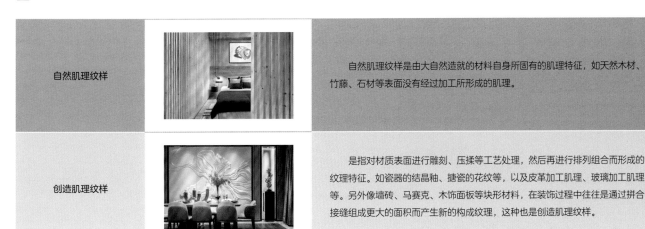

自然肌理纹样	自然肌理纹样是由大自然造就的材料自身所固有的肌理特征，如天然木材、竹藤、石材等表面没有经过加工所形成的肌理。
创造肌理纹样	是指对材质表面进行雕刻、压揉等工艺处理，然后再进行排列组合而形成的纹理特征。如瓷器的结晶釉、搪瓷的花纹等，以及皮革加工肌理、玻璃加工肌理等。另外像墙砖、马赛克、木饰面板等块形材料，在装饰过程中往往是通过拼合接缝组成更大的面积而产生新的构成纹理，这种也是创造肌理纹样。

硬装色彩与软装设计的衔接

③.1 色彩在空间六个面上的表现

对于硬装来说，在拿到平面图纸时，应考虑整个空间的功能分区、动线及收纳功能。在软装设计时，首先会把二维的平面图纸三维立体化，用立体思维去看整个空间，然后在空间里把六个面都展开，最后在每个面上协调色彩的关系。

◆ 当色彩在顶面的时候，中心整体在上方，层高好像被压缩了。

◆ 当色彩在立面上的时候，整个重心居中，有向中间聚拢的感觉，空间动感强烈。

◆ 把色彩放在地面上，重心居下，整体给人一种非常稳定的感觉。

△ 当色彩在立面上的时候，整个重心居中，有向中间聚拢的感觉，空间动感强烈

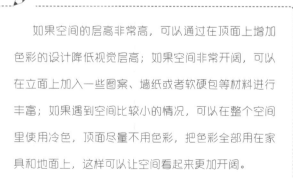

如果空间的层高非常高，可以通过在顶面上增加色彩的设计降低视觉层高；如果空间非常开阔，可以在立面上加入一些图案、墙纸或者软硬包等材料进行丰富；如果遇到空间比较小的情况，可以在整个空间里使用冷色，顶面尽量不用色彩，把色彩全部用在家具和地面上，这样可以让空间看起来更加开阔。

△ 当色彩在顶面的时候，中心整体在上方，层高好像被压缩了

3.2 空间墙面的配色重点

　　虽然从理论上来说，有几面墙便可以刷几种颜色，但是为了保持空间的整体感，还是控制在一到两种颜色之内为佳。很多人认为色彩丰富的空间更有美感，但丰富的色彩并非要全部来自墙面，当地面、家具、地毯、花卉、饰品等组织到一起的时候，色彩自然会丰富起来，而如果墙面的色彩过多，这种堆积起来的色彩就不是丰富，而是混乱。应该将所有的墙面理解为室内陈设的背景色，除非特意制造动感的效果，否则还是将背景处理得简洁一些，才能使室内陈设有一个清晰的背景。

　　通过观察一些五星级酒店的床头背景可以发现一个色彩规律，这些客房的床头背景墙面无论是什么颜色，都带有一定灰度。带有灰度的颜色，在视觉上给人一种高级感。所以在初学阶段，在为墙面选择颜色时，避免选择特别纯特别亮的颜色，加入一点灰度，会让整体空间更有品质感。

　　其实通常一种颜色，在明暗、深浅、冷暖、饱和度等方面稍做变化，就会给人很不一样的感觉。如果墙面除了涂刷乳胶漆之外，还有部分是铺贴墙纸，那么最好墙纸图案的底色与墙漆相近，这样才能保持两者之间的共通感，不使几个墙面之间彼此割裂。

　　一般来说，大面积的墙面颜色比小面积的色卡看起来要深；墙面刚刷完后，颜色要深一些，等乳胶干透了，颜色会变浅；室内的光线会影响到墙面颜色的呈现效果；如果家里已经有别的软装饰品和家具，对比之下，墙面颜色也会与色卡上看起来感觉不同。

　　如果有条件，测试时就先刷 0.5m² 的墙面，涂上两层，能挨着窗户更好，周围放上一些摆件、小家具等，在人造光、自然光等不同条件下观察，白天和晚上都要看，以确定这种颜色是不是真正想要的效果。

△ 在设计现代风格的墙面配色方案时，应把墙面背景考虑为室内陈设的背景色

△ 即使是同一种颜色，只要在纯度或明暗方面稍作变化，同样可以呈现出丰富的视觉效果

△ 带有灰度的颜色，在视觉上给人一种高级感

　　墙面配色的重点就是先确定家居风格，再挑选墙面颜色。根据不同房间的光照、功能、心情氛围，参考一些家具搭配方案，缩小选色范围。在敲定墙面颜色之前，一定要做测试。

墙面背景与家具的色彩关系

在选择墙面颜色的时候，需要和家具结合起来，而家具的色彩也要和客厅墙面相互映衬。比如墙面的颜色比较浅，那么家具一定要有和这个颜色相同的色彩在其中，这样的表现才更加自然。通常，对于浅色的家具，客厅墙面宜采用与家具近似的色调；对于深色的家具，客厅墙面宜用浅的灰性色调。如果事先已经确定要买哪些家具，可以根据家具的风格、颜色等因素选择墙面色彩，避免后期搭配时出现风格不协调的问题。

> 靠墙放置的家具，如果与背景墙的颜色太过接近，也会让人觉得色彩过于单调，造成家具与墙面融为一体的感觉。如果家中的墙面装饰是木质的话，则需要特别注意不要与家具的颜色和材质太过接近。

如果室内空间的硬装色彩已经确定，那么家具的颜色可根据墙面的颜色进行搭配。例如将房间中大件的家具颜色靠近墙面或者地面，这样就保证了整体空间的协调感。小件的家具可以采用与背景色对比的色彩，从而制造出一些变化。一方面增加整个空间的活力，又不会破坏色彩的整体感。还有一种更加趋向于和谐的方法，就是将家具分成两组：一组色彩与地面靠近，另一组色彩与墙面靠近，这样搭配的色彩会十分协调。

墙面	家具	家具

△　小件家具与墙面的色彩形成对比，可增加整体空间的活力

墙面	家具

△　墙面与家具应用同类色搭配法则，保证整体空间的协调感

△　木制墙面与木制家具的颜色不能过于接近，两种木质应选择不同的材质

3.4 空间地面的配色重点

在规划地面色彩搭配方案时，应将地板、地毯以及落地家具等元素考虑在内。此外，还要考虑到地面与墙面在配色上的协调性，让整体空间形成视觉上的稳定感。地面不宜选择与家具太接近的颜色，以免混乱视线，影响家具的立体感与线条感。

地面色彩一般要深于墙面，这样可以使墙面与地面界线分明、色调对比明显。如光线明亮的房间，选用较深的地面颜色；而若是光线较暗的房间，宜选用略浅的地面颜色会更加适合。此外，改变地面的颜色也可以改变房间的视觉高度，浅色的地面让房间显得更高，深色地面让房间显得更稳定，并且把家具衬托得更有品质，更有立体感。

若是空间相对较小，则地面不适合选择过深的颜色，原因在于深色的地面具有视觉收缩的特点，会令原本就不大的空间显得更加狭小，不利于空间的视线扩展。在这种情况下，要注意整个室内的色彩都要具有较高的明度。若是空间较大的居室，对于地面色彩的选择会有更多的选择余地。装饰地面的时候，可以通过深色地面来制造沉稳感，同时也可利用浅色地面来突出空间的活跃感。

木地板与木质家具搭配的效果不同，可为房间与家具本身营造出不同的效果

◆ 木地板与木制家具的颜色一致，可以营造出协调感。再运用浅色调，还能够使室内显得更加宽敞。

◆ 木制家具比地板颜色深，会更突显家具，在空间上形成紧凑感。深色的家具让人感觉更加高贵。

◆ 家具比地板的颜色更浅，则显得重量偏轻。这时可以选择高级木材制作的家具，或是遮盖了木材纹理的家具。

| 地板颜色 | ⟷ | 家具颜色 |

△ 家具比地板的颜色更浅，则显得重量偏轻。这时可以选择高级木材制作的家具，或是遮盖了木材纹理的家具

| 地板颜色 | ⟷ | 家具颜色 |

△ 木地板与木制家具的颜色一致，可以营造出协调感。再运用浅色调，还能够使室内显得更加宽敞

| 地板颜色 | ⟷ | 家具颜色 |

△ 木制家具比地板颜色深，会更突显家具，在空间上形成紧凑感。深色的家具让人感觉更加高贵

灯光设计对空间氛围的营造

4.1 装饰材料的光学性质

光由光波构成，其传播原理与声波相同，当光线照射在物体表面上时如果不考虑吸收、散射等其他形式的光损耗，会产生透射和反射的现象。材料对光波产生的这些效应即为材料的光学性质。

装饰材料的明度越高，越容易反射光线；明度越低，则越是吸收光线，因此在同样照度的光源下，不同材料装饰的空间亮度是有较大差异的。如果房间的墙、顶面采用的是较深的颜色，那么要选择照度较高的光源，才能保证空间达到明亮的程度。对于壁灯和射灯而言，如果所照射的墙面或顶面是明度中等的颜色，那反射的光线比照射在高明度的白墙上要柔和得多。

在通常情况下，可从材料对光的反射系数与透射系数两个角度来概述材料的光学性。其中反射系数是反射光通量与入射光通量的比值，同理，透射系数是透射光通量与入射光通量的比值，而具有透射系数的物质，通常呈半透明或透明状态。在装饰设计中，应结合室内空间的面层材料与采光材料等多种因素来进行光源的选择与布置。

📄 常见材料的反射系数

材料	反射系数
石膏	0.91
大白粉刷	0.75
中黄色调和漆	0.57
红砖	0.33
灰砖	0.23
胶合板	0.58
白色大理石	0.60
红色大理石	0.32
白色瓷釉面砖	0.08
黑色瓷釉面砖	0.08
普通玻璃	0.08
白色马赛克地砖	0.59

📄 常见材料的透射系数

材料	颜色	厚度（mm）	透射系数
普通玻璃	无	3~6	0.78~0.82
钢化玻璃	无	5~6	0.78
磨砂玻璃	无	3~6	0.55~0.60
压花玻璃	无	3	0.57
夹丝玻璃	无	6	0.76
压花夹丝玻璃	无	6	0.66
夹层安全玻璃	无	3+3	0.78
吸热玻璃	蓝	3~5	0.52~0.64
乳白玻璃	乳白	3	0.60
有机玻璃	无	2~6	0.85
茶色玻璃	茶色	3~6	0.08~0.50
中空玻璃	茶色	3+3	0.81

4.2 光与色彩的关系

相同的色调在不同光线下会显得不同，因此必须要考虑光线的作用。一般来讲，明亮、自然的日光下，呈现的色彩最真实。在做配色方案前首先要观察房间里有几扇窗，采光的质量和数量如何。

其次，不同朝向的房间，会有不同的自然光照情况，可利用色彩的反射率使光照情况得到适当的改善。朝东的房间，上、下午光线变化大，与光照相对的墙面宜采用吸光率高的色彩，而背光墙则采用反射率高的颜色。朝西房间光照变化更强，其色彩策略与东面房间相同，另外可采用冷色配色来应对下午过强的日照。北面房间常显得阴暗，可采用明度较高的暖色。南面房间曝光较为明亮，可采用中性色或冷色为宜。

白炽灯光投射在物体上会使物体看上去偏黄，可以增强暖色的效果，但蓝色会显得发灰；普通荧光灯放射的蓝光会增强冷色的效果；接近自然光的全光谱荧光灯可以更好地保留色彩的真实度。可以把要选的颜色放到暖色的白炽灯下，或冷色的荧光灯下，看哪种呈现出来的效果是最理想的。

在做出配色方案决定前，将所挑选的颜色样板拿到项目施工现场，于早、中、晚不同时段放置在自然光和人造光下细细察看，特别关注色彩在空间内主要使用时段的效果。

△ 不同光色的光源照在墙面和地面上，物体所呈现的颜色各不相同

△ 自然光下呈现的色彩最为真实，这是设计配色方案前必须考虑的问题

色温是指光波在不同能量下，人眼所能感受的颜色变化，用来表示光源光色的尺寸，单位是K。空间中不同色温的光线，会最直接地决定照明所带给人的感受。日常生活中常见的自然光源，泛红的朝阳和夕阳色温较低，中午偏黄的白色太阳光色温较高。一般色温低的话，会带点橘色，给人以温暖的感觉；色温高的光线带点白色或蓝色，给人以清爽、明亮的感觉。

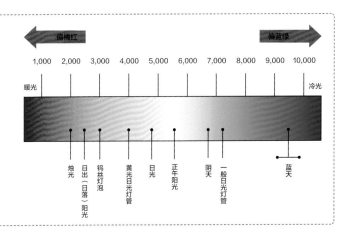

偏橘红 ← → 偏蓝绿

1,000 2,000 3,000 4,000 5,000 6,000 7,000 8,000 9,000 10,000

暖光　　　　　　　　　　　　　　　　　　　　　　　　　冷光

烛光　日出（日落）阳光　钨丝灯泡　黄光日光灯管　日光　正午阳光　阴天　一般日光灯管　蓝天

4.3 照射面对房间氛围的影响

照明的光线是投向顶面还是墙面，或者是集中往下照射地面，这些不同的设置会影响到房间的氛围。光线照射的地方，材质表面色彩的明亮度会大幅增加，正是基于这个原因，被照射的表面在空间上有明显扩展的感觉。

将房间全部照亮，能营造出温馨的氛围；如果主要照射墙面和地面，则给人沉稳踏实的感觉。对于层高较低，面积又较小的房间，可以在顶面和墙面打光，这样空间会有增高和变宽的感觉。

在一个房间中安装多盏灯，配合不同场景进行调节选择，能够营造出各式各样的效果。在这种情况下，使用能够调节角度的壁灯与落地灯更加便捷省力。

均匀照亮整个房间，给人以柔和感

地面、墙面和顶面没有明显的明暗对比，以几乎均匀的光线笼罩整个房间，会给人柔和的印象。

照亮地面和墙面，带来柔和的气息

顶面暗，而地面与墙面亮，能够营造出一种柔和的气氛。适合装饰古典且有厚重感的房间。

照亮顶面与墙面，打造宽敞的视觉效果

照亮顶面与墙面，在视觉上会显得顶面更高，墙面更宽。适用于想要营造开放而有安全感的房间。

照亮墙面，房间在视觉上横向延伸

利用射灯照亮墙面，营造出横向的宽敞感。将光线打在艺术作品上，给人以美术馆式的效果。

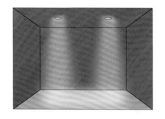

照亮地面，会营造出非日常的气氛

利用筒灯或吸顶灯强调地面，营造出戏剧性的非日常氛围。可用于打造令人印象深刻的玄关等空间。

照亮顶面，房间在视觉上纵向延伸

照亮顶面则强调上方的空间，从视觉上显得顶面更高。在更加有开放感、更加宽敞的房间内更能凸显其效果。

4.4 空间中的灯光层次划分

在室内灯光设计中，可通过合理的灯光运用来划分出室内光线的层次感，其中有三种照明层次是室内空间中必不可少的，它们分别是基础式光源、辅助式光源与集中式光源。以这三种照明层次的光源比例而言，最佳的黄金定律为"1：3：5"。所谓"1"是提供整个房间最基本照明的光源，"3"是指给人柔和感觉的辅助光源，"5"是指光亮度最强的重点光源的光线。

> 这三种光源的层次，不一定同时出现在同一个房间中，但是在整套居室的灯光布置中，它们一定会同时出现。除此之外，一些设计师在划分同一个房间的灯光层次时，可能会在这三种灯光层次中寻找更加细致的灯光分层，那么整个房间的灯光层次便不止三种。

① 吊灯是空间中的第一层照明光源，其存在的目的是为了让室内光线保持在一定的亮度，且这种亮度相对均衡，从而满足人们的正常生活需求。

② 位于床头两侧的台灯是空间中的第二层照明光源，这种光源的出现，通常是为了进一步提升室内的照明层次感，或者是削弱集中式光源在空间中的突兀感。

③ 安装在床头上的两盏明装筒灯为该空间的集中式光源，其存在的目的是为了给室内空间中的某个区域或局部提供集中且明亮的照明，其亮度也是室内照明灯光中最为明亮的。

4.5 吊顶灯槽设计重点

吊顶灯槽是通过灯槽将顶面照亮，可以降低吊顶在较低的情况下对空间形成的压迫感。这类照明方式对整个顶面起到拔高的作用，形成宛如天窗一般的展示效果。这也算是通过照明去提升空间视觉高度的一个比较常用的手法。

早期的吊顶灯槽内多安装 T5 光源的灯具，由于连接处经常会出现暗区，导致光线不连续；后期出现了防暗区的 T5 光源灯具，效果有明显改善。现阶段，由于 LED 技术的发展与成熟，软制的 LED 灯带成为经济实用的选择。

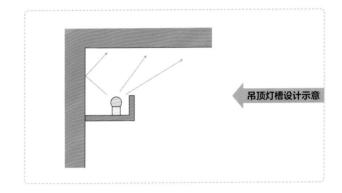

◀ 吊顶灯槽设计示意

△ 吊顶灯槽对整个顶面起到拔高的效果，适合层高不高的空间

4.6 墙面灯光的设计手法

墙是室内空间里最为重要的界面。人对空间的远近、大小的认知，都来自对立面的视觉观察。当人处在一个空间里时，看到最多的就是墙面，它的明暗直接影响人对这个空间是亮还是暗的感觉。室内空间中有关墙立面的专项照明，一直是室内照明设计中一项非常重要的考量。不仅因为立面的光亮比例关乎着空间的整体视觉感观，更重要的是室内空间的立面通常会被充分地利用。如美术馆中艺术品的展示，零售空间的商品货架陈列等。

在设计墙面照明时，特别要考虑墙面的材质肌理、颜色纹理等情况，比如砖石墙面肌理的阴影和玻璃、石材、镜面的反射光都是应该重点考虑的因素。

◎ 彩色墙面

墙面的颜色越深，照明亮度越需相对加强。而且灯光的显色性尽量要高，以防止色彩偏差。

◎ 白色墙面

可以利用彩色灯光给墙营造气氛，也可利用灯具投射光的角度大小创造光影产生趣味。

◎ 木质墙面

选用 2800~3300K 自然的暖色调光源较为合适，可以表现与衬托出木质墙面特有的温润质感。

◎ 玻璃墙面

玻璃和灯光是最常使用的魔术工具，注意不能使用太亮的灯光，可用微微的黄光，让它有点状的聚焦感，就可形成层层叠叠的穿透感。

3

FURNISHING
DESIGN
软 装 全 案 教 程

第 三 章

软装全案设计
常用的尺寸数据

人体基本活动空间尺寸

1.1 成年人体尺寸数据

人体尺寸数据是学习软装全案设计最基本的数据之一。它以人体构造的基本尺寸——主要是指人体的静态尺寸。如以身高、坐高、肩宽、臀宽、手臂长度等为依据，确定人在生活、生产和活动中所处的各种环境的舒适范围和安全限度。它也因国家、地域、民族、生活习惯等的不同而存在较大的差异。

国内成年人体尺寸数据表

		成年男子人体尺寸（单位：mm）小个子身材 / 中等个子身材 / 大个子身材			成年女子人体尺寸（单位：mm）小个子身材 / 中等个子身材 / 大个子身材		
	身高	1583	1678	1775	1483	1570	1659
	立姿从脚到眼部的高度	1464	1564	1667	1356	1450	1548
	立姿从脚到肩膀的高度	1330	1406	1483	1213	1302	1383
	立姿从脚到肘部的高度	973	1043	1115	908	967	1026
	肩膀的宽度	385	409	409	342	388	388
	站姿臀部的宽度	313	340	372	314	343	380
	立姿向上举高的指尖高度	1970	2120	2270	1840	1970	2100
	坐姿从臀部到头部的高度	858	908	958	809	855	901
	坐姿从臀部到眼部的高度	737	793	846	686	740	791
	坐姿从脚到膝部的高度	467	508	549	456	485	514
	坐姿从脚后跟到臀部的宽度	421	457	494	401	433	469
	坐姿两肘之间的宽度	371	422	498	348	404	478

1.2 软装全案设计中的人体数据应用

人体动作	用途
单腿跪姿取放搁置深度	用于装饰空间确定单腿跪姿取放物体时，柜内适宜的搁置深度
单腿跪姿取放舒适高度	用于装饰空间确定矮柜等搁板或抽屉适宜高度
单腿跪姿推拉柜前距离	用于装饰空间限定单腿跪姿推拉抽屉时，柜前最小空间距离
单腿跪姿推拉舒适高度	用于装饰空间确定矮柜拉手及低位抽屉时等适宜高度，柜前最小空间距离
跪高	用于装饰空间限定搁板、上部储藏柜拉手的最大高度
蹲姿单手取放搁置深度	用于装饰空间确定蹲姿取放物体时，柜内适宜的搁置深度
蹲姿单手取放舒适高度	用于装饰空间确定矮柜的搁板或抽屉拉手等适宜高度
蹲姿单手推拉舒适高度	用于装饰空间确定矮柜拉手及低位抽屉等适宜高度
蹲姿单手推拉舒适深度	用于装饰空间限定蹲姿单手推拉抽屉时，柜前最小空间距离
肩高	用于限定装饰空间人们行走时，肩可能触及靠墙搁板等障碍物的高度
肩宽	用于确定装饰空间家具排列时最小通道宽度、椅背宽度与环绕桌子的座椅间距
肩指点距离	用于确定装饰空间柜类家具最大水平深度
立姿单手取放搁置深度	用于装饰空间确定立姿单手取放物体适宜的搁置深度
立姿单手取放柜前距离	用于装饰空间限定直立取物时，柜前等最小空间距离
立姿单手取放舒适高度	用于装饰空间确定物体的适宜悬挂高度
立姿单手取放最大高度	用于装饰空间限定物体的最大搁置或悬挂高度
立姿单手推拉柜前距离	用于装饰空间限定直立推拉物体时，柜前等最小空间距离
立姿单手推拉舒适高度	用于装饰空间确定拉手和搁板等物的适宜高度
立姿单手推拉最大高度	用于装饰空间限定拉手与搁板等物的最大高度
立姿单手托举柜前距离	用于装饰空间限定托举物体时，柜前等最小空间距离
立姿单手托举舒适高度	用于装饰空间确定常用物体的搁置高度
立姿单手托举最大高度	用于装饰空间限定搁板等物的最大高度
身高	用于限定装饰空间头顶上空悬挂家具等障碍物的高度
臂膝距	用于限定装饰空间臀部后缘到膝盖前面障碍物的最小水平距离
小腿加足高	用于装饰空间确定椅面高度
胸厚	用于装饰空间限定储藏柜、台前最小使用空间水平距离
中指尖点上举高	用于限定上部柜门、抽屉拉手等高度
肘高	用于确定装饰空间站立工作时的台面高度
坐高	用于装饰空间限定座椅上空障碍物的最小高度
坐深	用于确定装饰空间椅面的深度
坐姿大腿厚	用于装饰空间限定椅面到台面底的最小垂距
坐姿单手取放柜前距离	用于装饰空间确定单手取物时，柜前的最小空间距离
坐姿单手推拉舒适高度	用于装饰空间确定低矮柜门，抽屉等拉手的适宜高度
坐姿两肘间宽	用于装饰空间确定座椅扶手的水平间距
坐姿臀宽	用于装饰空间确定椅面的最小宽度
坐姿膝高	用于装饰空间限定柜台、书桌、餐桌等台底到地面的最小垂距
坐姿肘高	用于装饰空间确定座椅扶手最小高度与桌面高度

1.3 人体基本动态尺寸

人体基本动态尺寸又称人体功能尺寸，是人在进行某种功能活动时，肢体所能达到的空间范围，是被测者处于动作状态下所进行的人体尺寸测量，是确定室内空间尺度的主要依据之一。

动态人体尺寸分为四肢活动尺寸和身体移动尺寸两类。四肢活动尺寸是指人体只活动上肢或下肢，而身躯位置并没有变化。身体移动尺寸是指姿势改换、行走和作业时产生的尺寸。

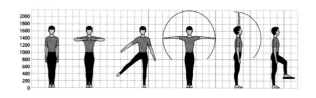

△ 人体站姿、伸展以及上楼等动作

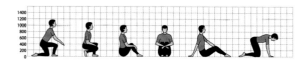

△ 人体蹲姿、坐姿等动作

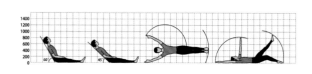

△ 人体躺姿、睡姿等动作

1.4 人体走动空间尺寸

居住者在室内因为不同目的移动而产生的位移点，连在一起就形成了不同的走动路线。大的走动路线是居住者进出各功能区所经过的路线，小的走动路线是居住者使用各个功能区的路线。在日常家居生活中，家具的摆放、房屋之间的打通与隔开，都会形成不同的走动路线。简单地说，家居走动路线就是居住者在家里为了完成一系列动作而走的路线

在走动路线上，必须确保足够的走动空间，宽敞的过道与舒适生活息息相关。人在室内行走时，横向侧身行走需要45cm的空间，正面行走则需55~60cm。两人并排通过时需要110~120cm的空间。

如果在两个矮家具之间走动的时候，上身可以自由转动，只需留出50cm以上的宽度空间就可以；如果一侧有墙或是高家具的话，过道则最窄不可低于60cm。

△ 正面行走   △ 侧身行走   △ 两人并肩通过

 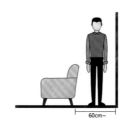

△ 在两个矮家具之间走动   △ 在一侧有墙或是高家具的过道上走动

玄关空间设计尺寸

2.1 玄关空间尺度

玄关一般呈正方形或长方形，能同时容纳2~3人，其整体面积需根据室内面积以及房型设计来决定尺寸大小，一般在3~5m²。一个成人肩宽约为55cm，且在玄关处经常会有蹲下拿取鞋子的动作，因此玄关宽度至少保留60cm。此时若再将鞋柜的基本深度35~40cm列入考虑范围，以此推算玄关宽度最少需95cm，如此不论站立还是蹲下才会舒适。玄关如需设计吊顶，其离地高度不能低于2.2m，一般在2.3~2.76m。如果吊顶太低，容易给玄关空间带来压抑、沉闷的感觉。

2.2 鞋柜摆设方案

1. 狭长形玄关

狭长形的玄关受限于宽度，如果将鞋柜放置在门的侧边，会占用空间宽度，可能就不好转身。为了保持开门及出入口的顺畅，鞋柜适合与大门平行摆放，这种方式需保证玄关的深度有120~150cm。

2. 宽度足够的玄关

如果空间的宽度足够大，鞋柜可放置在大门后面，但要避免打开门时撞到鞋柜，必须加装长度大约5cm的门档，所以门与玄关应留出5~7cm的距离，大门到侧墙至少需有40cm。

3. 位于中央位置的玄关

如果玄关位于家居空间的中央位置，鞋柜可沿墙放置，保持开放式的格局，也能满足收纳需求，但要注意鞋柜不宜太高，否则会造成压迫感。

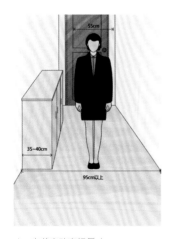

△ 玄关走动空间尺寸

△ 大门侧边放置鞋柜

△ 大门后方放置鞋柜

2.3 鞋柜尺寸

鞋的收纳在玄关收纳中占据很大一部分，而鞋柜是把各种鞋分门别类收纳的最佳地方，看起来不仅整洁，而且很方便。

玄关的鞋柜最好不要做成顶天立地的款式，做个上下断层的造型会比较实用，将单鞋、长靴、包包和零星小物件等分门别类收纳，同时可以有放置工艺品的隔层，上面可以陈设一些小物件，如镜框、花器等提升美感。

还可以将鞋柜设计为悬空的形式，不仅视觉上会比较轻巧，而且悬空部分可以摆放临时更换的鞋子，使得地面比较整洁。

△　整体鞋柜中增加一部分开放式展示柜

△　中间断层，上下柜结合的鞋柜形式

△　鞋柜悬空处可以摆放临时更换的鞋子

通常不到顶的鞋柜正常高度为 85~90cm；到顶的鞋柜为了避免过于单调分上下柜安置，下柜高度同样是 85~90cm，中间镂空 35cm，剩下是上柜的高度尺寸，鞋柜深度根据中国人正常鞋码的尺寸不小于 35cm。

男鞋与女鞋大小不同，但一般来说，相差不会超过 30cm，因此鞋柜内的深度一般为 35~40cm，让大鞋子也刚好能放得下，但若能把鞋盒也放进鞋柜则深度至少 40cm，建议在定做或购买鞋柜前，先测量好自己与家人的鞋盒尺寸作为依据。

鞋柜常受限于空间不足，小面积玄关通常需将收纳功能整合并集中于一个柜体，再经过仔细规划设计，才能将小空间的效能发挥到极致，满足所有收纳的需求。

鞋柜内鞋子的放置方式有直插、平放和斜摆等，不同方式会使柜内的深度与高度有所改变，而在鞋柜的长度上，一层要以能放 2~3 双鞋为宜，千万不能出现只能放一只鞋的空间。

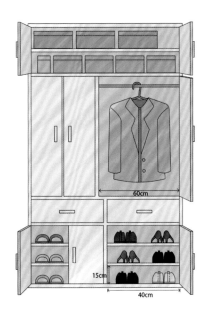

△　整体鞋柜尺寸

△　鞋柜深度尺寸

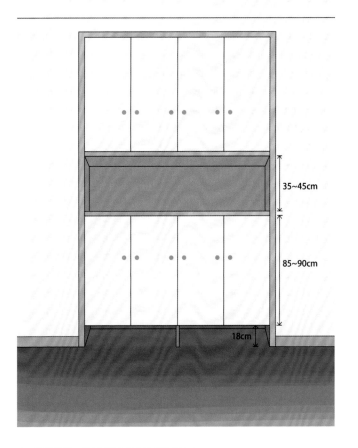

△　高度到顶，但上下柜分别安置的鞋柜尺寸

客厅空间设计尺寸

3.1 客厅空间尺度

客厅中的沙发通常会依着主墙而立，所以在挑选沙发时，就可依照这面墙的宽度来选择尺寸。一般主墙面的宽度在400~500cm之间，最好不要小于300cm，而对应的沙发与茶几的总宽度则可为主墙宽度的四分之三，也就是宽度约为400cm的主墙可选择约240cm的沙发与约50cm的角几搭配使用。如果沙发背向落地窗，两者之间需留出60cm宽的走道，才方便行走。

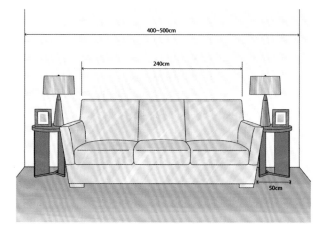

△　沙发摆设尺寸

摆在窗户旁的
沙发靠背应高过窗台

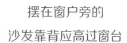

& TRD 设计

△　根据客厅主墙面宽度选择沙发尺寸

△　人坐在沙发上观看电视的最佳距离

人坐在沙发上观看电视的高度取决于座椅的高度与人的身高，一般人坐着的高度为 110~115cm，电视机的中心点在离地 80cm 左右的高度最适宜。沙发与电视机的距离则依电视机屏幕尺寸而定，也就是用电视机屏幕的英寸数乘 2.54 得到电视机对角线长度，此数值的 3~5 倍就是所需观看距离。例如 40 英寸电视机的观看距离：40×2.54=101.6cm（对角线长），101.6×4=406.4cm（最佳观看距离）。

茶几摆设时要注意动线顺畅，与电视墙之间要留出 75~120cm 的走道宽度，与主沙发之间不可通行的距离为 40~45cm，可通行的距离为 76~91cm。座位低而舒适的休闲沙发，与茶几之间的距离需要留出腿能伸出的空间；座位高的沙发让人坐得更加规矩，与茶几之间的距离可以相应缩小，方便拿取物品。

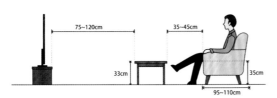

△　座位低的休闲沙发与茶几之间留出的距离

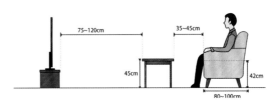

△　座位高的沙发与茶几之间留出的距离

△　沙发与电视墙之间要留出 75~120cm 的走道宽度，与主沙发之间不可通行的距离为 40~45cm，
　　可通行的距离为 76~91cm

3.2 沙发尺寸

    沙发的尺寸是根据人体工程学确定的。通常单人沙发尺寸宽度为 80~95cm，双人沙发宽度尺寸为 160~180cm，三人沙发宽度尺寸为 210~240cm。深度一般都在 80~90cm。沙发的座高应该与膝盖弯曲后的高度相符，才能让人感觉舒适，通常沙发座高应保持在 35~42cm。

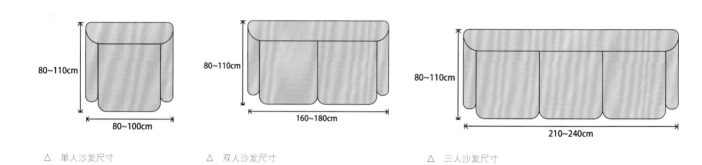

△ 单人沙发尺寸　　　　△ 双人沙发尺寸　　　　△ 三人沙发尺寸

📄 沙发尺寸数据

类别	尺寸
单人沙发的扶手高度	一般为 56~60cmm
单人式沙发背高	一般为 70~90cm
单人式沙发长度	一般为 80~95cm
单人式沙发深度	一般为 85~90cm
单人式沙发坐垫高	一般为 35~42cm
普通沙发的可坐深度	一般 35~42cm
普通沙发的适当宽度	一般为 66~71cm
双人式沙发长度	一般为 126~150cm
双人式沙发深度	一般为 80~90cm
三人式沙发长度	一般为 175~196cm
三人式沙发深度	一般为 80~90cm
四人式沙发长度	一般为 232~252cm
具有一定开放感的矮式沙发宽度	大约为 89cm

3.3 电视柜尺寸

◆ 高度

合理的电视柜高度应该是能让就座观影者的视线正好落在电视机屏幕中心的附近，这是确定电视柜高度的一个标准。所以在选择电视柜时也要确定电视机的尺寸，然后测量一下电视机屏幕中心的高度，用坐时人眼的高度减去电视机屏幕中心的高度就是电视柜的大致高度。如人坐在沙发上眼的高度是 108cm，电视机的屏幕中心高度是 34cm，那电视柜的高度在 65~75cm 就比较合适。

△ 电视柜形式多样，一方面应根据装饰风格进行选择，另一方面在尺寸上也应符合空间比例

◆ 宽度

电视柜的宽度往往会参考客厅沙发的长度，因为国内的客厅常规设计都是沙发加电视柜的组合，所以看电视都是坐在沙发上的。与电视柜相对的沙发多是两人位或三人位，此宽度大概在 200cm 左右，因此电视柜的宽度在 200cm 左右是比较合适的，用于摆放电视机的同时，还可以搭配一些其他装饰摆件。

◆ 深度

电视柜的进深没有统一的标准，常规的是在 35~50cm 之间，具体要根据电视机的尺寸以及客厅的空间大小而定。如一个 55 英寸的电视底座宽度在 20~25cm，选择深度为 35cm 的电视柜就够用了。

△ 组合式电视柜

一般美式风格都选择造型厚重的整体电视柜来装饰整面墙，简约风格的客厅则常选用悬挂式电视柜。选择电视柜主要考虑电视机的具体尺寸，同时根据房间大小、居住情况、个人喜好来决定对电视机采用挂式或放置电视机柜上。

△ 矮柜式电视

3.4 茶几尺寸

茶几的造型多种多样，就家用茶几而言，一般分为方形或圆形。方形茶几给人稳重实用的感觉，使用面积比较大，而且比较符合使用习惯。圆形茶几小巧灵动，更适合打造一个休闲空间。在北欧风、现代风以及简约风家居中，圆形茶几为首选。

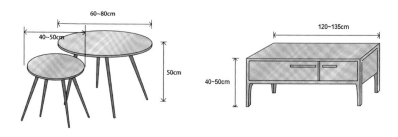

△ 常见茶几尺寸

茶几选择时要与沙发配套设置。例如狭长的空间放置宽大的正方形茶几难免会有过于拥挤的感觉，大型茶几的平面尺寸较大，其高度就应该适当降低，以增加视觉上的稳定感。如果找不到合适的茶几高度，那么宁可选择矮点的高度，也不要选择高的茶几。高茶几不但会阻碍人们的视线，而且不便于人们放置物品，比如茶杯、书籍等。

茶几高度大多是 30~50cm，选择时要与沙发配套设置。茶几的长度为沙发的七分之五到四分之三；宽度要比沙发多出五分之一左右最为合适，这样才符合黄金比例。

△ 双层带收纳功能的茶几

📋 茶几尺寸数据

类别	尺寸数据
小型长方形茶几	长度一般为 60~75cm，宽度一般为 45~60 cm，高度一般为 38~50cm
中型长方形茶几	长度一般为 120~135 cm，宽度一般为 38~50 cm 或者 60~75 cm，高度一般为 40~50cm
中型正方形茶几	长度一般为 75 ~ 90 cm，高度一般为 43~50 cm
大型长方形茶几	长度一般为 150~180 cm，宽度一般为 60~80 cm，高度一般为 33~42cm
大型圆形茶几	直径一般为 75cm、90cm、105cm、120 cm，高度一般为 33~42cm
大型方形茶几	宽度一般为 90cm、105cm、120cm、135cm、150cm，高度一般为 33~42cm

卧室空间设计尺寸

4.1 卧室空间尺度

通常布置卧室的起点，就是选择适合的床。除非卧室面积很大，否则别选择加大双人床。因为一般人都不大清楚空间概念，如果在选购前想知道所选的床占了卧室多少面积，可以尝试简单的方法：用胶带将床的尺寸贴在地板上，然后在各边再加 30cm 宽，这样的大小可以让人绕着床走动。

1. 床摆放在中间

将床摆放在中间较为常见，床的周围不止需要留出能够过人的空间，还需要为整理床铺留出一定的空间。床与平开门的衣柜之间，要留出 90cm 左右的距离，推拉门与折叠门的衣柜，则只需留出 50~65cm 的距离，这个宽度包括房门打开与人站立时会占用的空间。如果想摆放床头柜，床头旁边留出 50cm 的宽度，可顺手摆放眼镜、手机等小物品。

△ 带窗户的正方形或长方形卧室，可以将床头靠在与窗垂直的两面墙中的任意一面

△ 斜顶空间应根据顶面高度与开窗位置摆设睡床

2. 床靠墙摆放

空间较小的卧室，为了避免空间浪费。通常选择将床靠墙摆放。但如果床贴墙放的话，被子就容易从另一侧滑落，最好在床与墙之间留出 10cm 的空隙。床头两侧至少要有一边离侧墙有 65cm 的宽度，主要是为了便于从侧边上下床。

△ 床摆放在中间的尺寸　　　　△ 床靠墙摆放的尺寸

衣柜是卧室中比较占空间的一种家具。衣柜的正确摆放可以让卧室空间分配得更加合理。布置时应先明确好卧室内其他固定位置的家具，根据这些家具的摆放选择衣柜的位置。

确定衣柜门板不会打到床，且可留出适当的行走空间，其余如床边柜、梳妆台等家具，就使用剩下的空间再做配置。衣柜与床之间的过道需留至少 50~65cm；若是一人拿取衣服，后方可让另一人走动，则需留至 60~80cm。

△ 推拉门衣柜

△ 折叠门衣柜

📄 常见衣柜摆设方案

摆设位置		注意事项
床边摆放衣柜		房间的长大于宽的时候，在床边的位置摆设衣柜是最常用的方法。在摆放时，衣柜最好离床边的距离大于 1m，这样可以方便日常的走动。
床尾摆放衣柜		如果卧室床左右两边的宽度不够，建议考虑把衣柜放在床尾位置，但要特别注意衣柜门拉开以后的美观度，可以考虑做些抽屉和开放式层架，避免把堆放的衣物露在外面。
床头摆放衣柜		面积不大的卧室，经常会考虑床与衣柜做成一体的方式，去除了两侧的床头柜，形成了一个整体的效果，这种衣柜有很多种组合。

4.2 成人床尺寸

室内家具标准尺寸中，床的宽度和长度没有固定的标准。不过对于床的高度却是有一定要求的，那就是从被褥面到地面之间距离为 44cm 才是属于一个健康的高度。如果床沿离地面过高或过低，都会使腿不能正常着地，时间长了腿部神经就会受到挤压。实际计算床尺寸的方法如下：

△ 被褥面到地面之间的距离为 44cm

◆ 计算床宽

床的尺寸需要考虑到几人使用，单人床宽度一般为仰卧时人肩宽的 2~2.5 倍。双人床宽一般为仰卧时人肩宽的 3~4 倍。成年男人肩宽平均大约为 410mm。为此双人床宽度不宜小于 1230mm，单人床宽度不宜小于 800mm。也有计算床宽比标准尺寸大 100~200mm 的。

◆ 计算床长

床的长度是指两个床屏板内侧或床架内的距离。床长的计算公式如下：床长 =1.03 倍身高（1775~1814mm）+ 头顶余量（大约 100mm）+ 脚下余量（大约 50mm）≈ 2000~2100mm。

◆ 计算床高

床高也就是床面距地高度。床高一般与椅坐的高度一致。一般床高为 400~500mm。

📄 常见床尺寸数据表

项目	尺寸
单人床宽度	90cm、105cm、120cm
单人床长度	一般为 180cm、186cm、200cm、210cm
双人床宽度	一般为 135cm、150cm、180cm
双人床长度	一般为 180cm、186cm、200cm、210cm
圆床直径	圆形床尺寸大小不一，没有统一的标准。常见的有 186cm、212.5cm、242.4cm 等
圆床高度	一般在 100cm 以内。常见的圆形床高度为 80cm、88cm 等
婴儿床	国内婴儿床（可用到 3 岁左右）长度大部分约为 120cm，欧美的婴儿床（可用到 6 岁左右）长度一般约为 140cm，宽度约为 78cm
1.2m 床尺寸	1.2m 床标准尺寸大约宽度为 120cm，长度为 180~200cm
1.5m 床尺寸	1.5m 床是标准的双人床尺寸，其宽度约为 150cm、长度为 190~200cm
1.8m 床尺寸	1.8m 床属于大床，其尺寸大约为 180cm×200cm、180cm×205cm、180cm×210cm 等
2m 床尺寸	2 m 床在市场上较为少见，其尺寸大约为 200 cm×200cm、200cm×205cm、200cm×210cm 等

4.3 儿童床尺寸

儿童床一方面要按照孩子的身高进行选择，另一方面要尽可能地考虑到孩子的成长速度，因此可以选择一些可调节式的家具，不仅能跟上孩子迅速成长的脚步，而且还能让儿童房显得更富有创意。

学龄前的宝宝，年龄 5 岁以下，身高一般不足 1m，建议选择长度 l00~120cm，宽度 65~75cm 之间的床，此类床的高度通常为 40cm 左右。

学龄期儿童则可参照成人床的尺寸来购买，即长度为 192cm、宽度为 80cm、90cm 和 100cm 三个标准，高度在 40~44cm 为宜。

如果选择双层高低床，上下层之间净高应不小于 95cm，才不会使住下床的宝宝感到压抑，上层也要注意防护栏的高度，保证宝宝的安全。也可以在下层设计收纳区域与装饰区域，或者是书桌等学习区域。

△ 学龄前的宝宝床常规尺寸

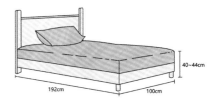

△ 学龄期儿童床常规尺寸

△ 双层高低床常规尺寸

△ 上下造型的儿童床

△ 两张儿童床之间以柜子作为分隔

4.4 衣柜尺寸

在卧室家具中，无论是成品衣柜还是现场制作的衣柜，进深基本上都是60cm。但若衣柜门板为滑动式，则需将门板厚度及轨道计算进去，此时衣柜深度应做到70cm比较合适。成品衣柜的高度一般为200cm，现场制作的衣柜一般是做到屋顶，充分利用空间。

因为衣柜有单门衣柜、双门衣柜以及三门衣柜等分类，这些不同种类的衣柜的宽度肯定不一样，所以衣柜没有标准的宽度，具体要看所摆设墙面的大小，通常只有一个大概的宽度范围。例如单门衣柜的宽度一般为50cm，而双门衣柜的宽度则是在100cm左右，三门衣柜的宽度则在160cm左右。这些尺寸符合大多数家居室内衣柜摆放的要求，也不会由于占据空间过大而造成室内拥挤或是视觉上的突兀。

悬挂短衣、套装的挂衣区高度最好保持在80cm
左右，抽屉的高度为15~20cm

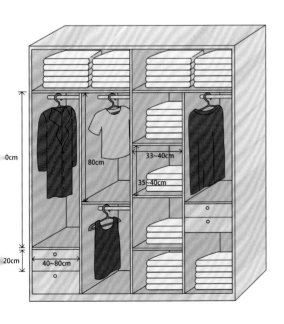

△ 衣柜常规尺寸

衣柜的内部层板上可安装灯带，方便在夜晚
拿取衣物

衣柜尺寸数据表

项目	尺寸
被褥区的高度	通常为 40~50cm
被褥区的宽度	大约为 90cm
长衣区的高度	短衣、套装最低要求尺寸为 80cm 的高度，尽量充分利用空间即可，长大衣不低于 130cm 的高度
长衣区的宽度	长衣区可根据拥有长款衣服的件数来确定宽度。一般而言，宽度为 45cm 即够一个人使用。如果人口多，需适当加宽
抽屉的高度	一般不低于 15~20cm
抽屉的宽度	一般为 40~80cm
电视柜在衣柜里时的离地高度	不低于 45cm，一般以 60~75cm 为宜
叠放区的高度	叠放区一般高度为 35~40cm。最好安排在人的腰到眼睛间的区域，以便拿取方便和减少进灰尘。家里有老年人、儿童时，则需要将叠放区适当放大
叠放区的宽度	叠放区的宽度可以按衣物折叠后的宽度来确定，一般为 33~40cm
挂衣杆到底板间距离	挂衣杆到底板的间距不能小于 90cm，否则衣服会拖到底板上
挂衣杆到地面的距离	挂衣杆到地面的距离一般不能超过 180cm，否则不方便拿取
挂衣杆的安装高度	挂衣杆的安装高度一般是根据使用者的身高加 20cm 为佳
挂衣杆与柜顶间距离	一般不能少于 6cm，否则不方便取放衣架
裤架挂杆到底板的距离	一般不能少于 60cm，否则裤子会拖到底板上
裤架高度	一般为 80~100cm
鞋盒区的高度	鞋盒区高度可根据两个鞋盒子的高度来确定，一般为 25~30cm
上衣区的高度	一般为 100~120cm，不能少于 90cm
上衣区的进深	一般为 55~60cm
平开柜门的宽度	一般为 45~60cm，不宜太宽
推拉柜门的宽度	一般的宽度为 60~80cm
衣柜深度	60~65cm
衣柜高度	200~220cm
衣柜净深	55~60cm
衣柜上端储物区高度	一般不低于 40cm
整体衣柜背板的厚度	一般大约为 0.9cm
衣柜基材的常见厚度	一般厚度为 1.8cm、2.5cm、3.6cm
衣柜饰面板材的厚度	一般约为 0.1cm
踢脚线高度	衣柜底部设置踢脚线的高度一般在 7cm 以内

4.5 床头柜尺寸

床头柜的大小通常占床大小的七分之一左右，柜面的面积以能够摆放下台灯之后仍旧剩余 50% 为佳，这样的床头柜对于家庭来说较为合适。床头柜常规的尺寸是宽度为 40~60cm，深度为 30~45cm，高度则为 50~70cm，这个范围以内属于标准床头柜的尺寸。一般而言，选择长度 48cm、宽度 44cm、高度为 58cm 的床头柜就能够满足人们对于日常起居的使用需求。如果想要更大一点的尺寸，则可以选择长度为 62cm、宽度为 44cm 以及高度为 65cm 的床头柜，这样就能够摆放更多的物品。

床头柜的高度应该与床的高度相同或者稍矮一些，常见的高度一般为 48.5cm 及 55cm 两种类型。如果觉得床头柜高一点更加合适，那么尽量选择只用一个床头柜，并且在床头柜上布置一些装饰物。

△ 床头柜常规尺寸

△ 方格式造型的床头柜方便物品的取放

△ 错落型的床头柜显得富有动感

餐厅空间设计尺寸

5.1 餐厅空间尺度

餐桌与餐厅的空间比例一定要适中，尺寸、造型主要取决于使用者的需求和喜好，通常餐桌大小不要超过整个餐厅的三分之一，这是常用的餐厅布置法则。摆设餐桌时，必须注意一个重要的原则：留出人员走动的动线空间。通常餐椅摆放需要40~50cm，人站起来和坐下时需要距离餐桌60cm左右的空间，从坐着的人身后经过，则需要距餐桌100cm以上。

无论是方桌还是圆桌，餐桌与墙面之间应保留70~80cm的间距，以便拉开餐椅后人们仍有充裕的行动空间。如果餐桌位于动线上，餐桌与墙面之间除保留椅子拉开的空间外，还要保留约60cm的走道空间，所以餐桌与墙面至少有一侧的距离应保留100~130cm，以便行走。

一面靠墙，最大程度节省空间是小户型中较为常见的餐桌摆设方式

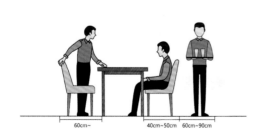

△ 摆设餐桌应留出的动线空间

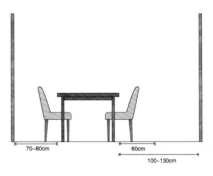

△ 餐桌与墙面距离

5.2 餐桌尺寸

餐桌的形状一般分为圆桌和方形桌。圆桌可以方便用餐者互相对话，人多时可以轻松挪出位置，在中国传统文化中具有圆满和谐的美好寓意。圆桌大小可依人数多少来挑选，根据餐桌的标准尺寸，直径可分为 50cm（二人位）、80cm（三人位）、90cm（四人位）、110cm（五人位）、110~125cm（六人位）、130cm（八人位）、150cm（十人位）、180cm（十二人位）。

方形餐桌的尺寸需要根据座位数来确定。常用的餐桌尺寸为 76cm×76cm 的方桌与 107cm×76cm 的长方形桌。注意餐桌宽度不宜小于 70cm，否则，对坐时会因餐桌太窄而互相碰脚。

独居时，家中空间如果不大，则餐桌的长度最好不要超过 120cm。两人居住时，则可以选择 140~160cm 的餐桌。为人父母或者与老人合住的家庭，则适合选择 160cm 或者更大的餐桌。

△ 餐桌大小不要超过整个餐厅的三分之一，这是餐厅布置常用的法则

项目	尺寸
一般餐桌高度	75~78cm
西式餐桌高度	68~72cm
一般方桌宽度	75cm、90cm、120cm
长方桌宽度	80cm、90cm、105cm、120cm
长方桌长度	150cm、165cm、180cm、210cm、240cm
长方形餐桌	常见的尺寸有 120cm×60cm、140cm×70cm 等
圆形餐桌直径	50cm、80cm、90cm、110cm、120cm、135cm、150cm、180cm 等

5.3 餐椅尺寸

餐椅的座高一般为 38~43cm，宽度为 40~56cm 不等，椅背高度为 65~100cm 不等。餐桌面与餐椅座高差一般为 28~32cm 之间，这样的高度差最适合吃饭时的坐姿。另外，每个座位也要预留 5cm 的手肘活动空间，椅子后方要预留至少 10cm 的挪动空间。

若想使用扶手餐椅，餐椅宽度再加上扶手则会更宽，所以在安排座位时，两张餐椅之间约需 85cm 的宽度，因此餐桌长度也需要更大。

△ 餐椅常规尺寸

△ 根据圆弧形墙面现场定制的餐椅

△ 带有扶手的餐椅适合展现庄重的气氛

△ 蚂蚁椅与温莎椅两种不同尺寸类型的餐椅混搭，增加空间个性

5.4 餐柜尺寸

餐柜的上柜多为展示之用，下柜则以收纳为主，尺寸应根据餐厅的大小进行设计。餐柜宽度因有单扇门、对开门及多扇门的款式而有所不同，单扇门约45cm，对开门则有60~90cm，而三四扇门的餐柜宽度多超过120cm，具体的宽度可以根据需要制作。

餐柜深度可以做到20~50cm，有不少款式会因上下柜功能不同而有深度差异。餐柜高度一般为80cm左右，或者高度可以做到200cm左右的高柜，又或者直接做到屋顶，增加储物收纳功能，具体可根据放餐柜的实际空间稍微调整。

矮柜形式的餐柜高度通常为85~90cm，展示柜形式的餐柜高度可达200cm，深度多为40~50cm。餐柜内部的层板高度为15~45cm，取决于收纳物品的大小，如马克杯、咖啡杯只需15cm即可，酒类、展示盘或壶就需要约35cm，但一般还是建议以活动层板来应对不同的置放物品。

△ 矮柜形式的餐边柜尺寸

△ 对称形式设计的餐柜

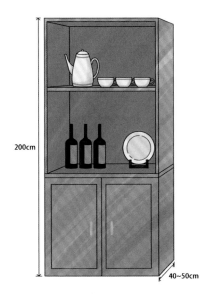

△ 展示柜形式的餐边柜尺寸

△ 高度到顶的餐柜收纳功能更为强大

厨卫空间设计尺寸

6.1 厨房空间尺度

　　单排布置的厨房，其操作台最小宽度为50cm。考虑使用者下蹲打开柜门，要求最小净宽为150cm 双排布置设备的厨房，两排设备之间的距离按人体活动尺寸要求，不应小于90cm。以身高160cm 的使用者为标准，最符合人体使用的台面高度应是灶台的台面约85cm，水槽台面90cm 为佳。计算方式如下：

> **最符合手肘使用：煤气灶 =（身高 /2）+5cm**
>
> **最符合腰部使用：水槽台面 =（身高 /2）+10cm**

　　一般料理动线依序为水槽、料理台和炉具，中央的料理台长度以 75~90cm 为佳，可依需求增加长度，但不建议小于 45cm，会较难以使用。料理台多半需依照水槽和炉具深度而定，常见的深度为 60~70cm。

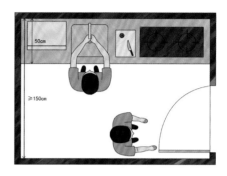

△ 单排布置设备的厨房尺寸

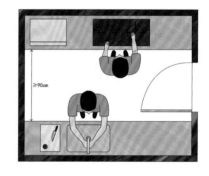

△ 双排布置设备的厨房尺寸

📑 常见嵌入式厨房设备空间宽度尺寸

名称	空间宽度尺寸	名称	空间宽度尺寸
燃气灶	≥ 750mm	微波炉	≥ 600mm
吸油烟机	≥ 900mm	消毒柜	≥ 600mm
单池洗涤池	≥ 600mm	洗碗机	≥ 600mm
双池洗涤池	≥ 900mm	单开门电冰箱	≥ 700mm
电烤箱	≥ 600mm	嵌入式电冰箱	≥ 600mm
双开门电冰箱	≥ 1000mm	燃气热水器	≥ 600mm

6.2 卫浴空间尺度

卫浴空间可分成干、湿两区进行考虑：一是盥洗台和坐便器的干区，二是淋浴空间或浴缸的湿区。其中盥洗台和坐便器最为重要，因此需优先决定位置，剩余的空间再留给湿区。淋浴空间所需的尺度较小，在小空间内就建议以淋浴取代浴缸，若是空间非常狭小，甚至可以考虑将盥洗台外移，洗浴更为舒适。

1. 盥洗台

盥洗台本身的尺寸为 48~62cm 见方，两侧再分别加上 15cm 的使用空间，这是因为在盥洗时，手臂会张开，因此左右需预留出张开手臂的宽度。盥洗台离地的高度则为 65~85cm，可尽量做高一些，以减缓弯腰过低的情形。

如果卫浴空间使用两个盥洗台，就必须考虑到会有多人同时进出洗漱的情形。一般来说，一人侧面宽度为 20~25cm，一人肩宽约为 55cm，想要行走得顺畅，走道就需留出 60cm 的宽度。因此一人在盥洗，另一人要从后方经过时，盥洗台后方至少需留出 80cm 的宽度才合适。

△ 单人盥洗台设计形式

△ 盥洗台尺寸

△ 盥洗台动线尺寸

△ 双人盥洗台设计形式

2. 坐便器

坐便器面宽的尺寸大概在 45~55cm 之间,深度为 70cm 左右。前方需至少留出 60cm 的回旋空间,才方便日常的使用,且坐便器两侧也需分别留出 15~20cm 的空间,起身才不觉得拥挤。

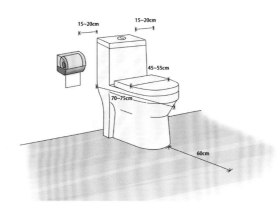

△ 坐便器尺寸

△ 坐便器与淋浴房之间应留出足够的距离,避免影响日常使用

3. 淋浴区

淋浴区为一人进入的正方形空间,最小的尺寸为 90cm×90cm,可再扩大至 110cm×110cm,但边长建议不超过 120cm,否则会感到有点空旷。若淋浴区采用向外开门的方式,要注意前方需留出至少 60cm 的回旋空间,且应避免开门打到坐便器。

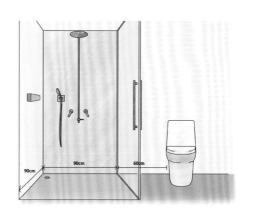

△ 淋浴区尺寸

△ 一字形淋浴房

△ 方形淋浴房

△ 弧形淋浴房

△ 钻石形淋浴房

4

FURNISHING
DESIGN
软 装 全 案 教 程

第 四 章

软装全案色彩与
纹样的搭配应用

软装全案配色基础知识

1.1 色相、明度、纯度和色调

1.色相

色相由原色、间色和复色构成，是色彩的首要特征，也是区别各种不同色彩的标准。任何黑、白、灰以外的颜色都有色相的属性。色相的特征决定于光源的光谱组成，以及有色物体表面反射的波长辐射比值。从光学意义上讲，色相差别是由光波波长的长短产生的。即便是同一类颜色，也能分为几种色相，如黄颜色可以分为中黄、土黄、柠檬黄等；灰颜色则可以分为红灰、蓝灰、紫灰等。光谱中有红、橙、黄、绿、蓝、紫六种基本色光，人的眼睛可以分辨出约 180 种不同色相的颜色。

色相环是一种工具，用于了解色彩之间的关系。一个色相环的色彩少的有六种，多的则可达到 24、48、96 种或更多。一般最常见的是 12 色相环，由 12 种基本的颜色组成，每一色相间距为 30 度。色相环中首先包含的是色彩三原色，原色混合产生了二次色，再用二次色混合，产生了三次色。

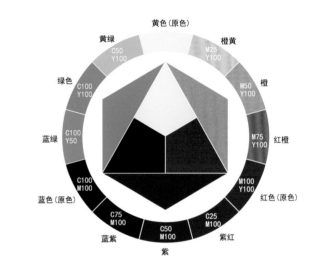

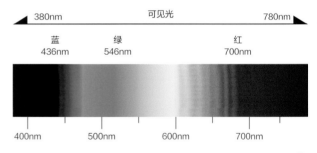

△ 将太阳光分光之后，表现出人眼可以辨别出的"可见光"范围的光谱

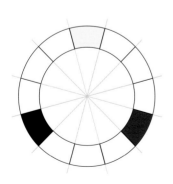

△ 三原色的分布

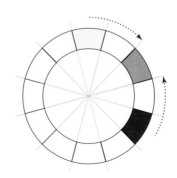

△ 二次色的构成

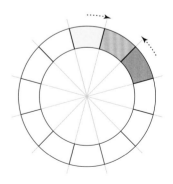

△ 三次色的构成

2. 明度

　　明度是指色彩的亮度或明度，各种有色物体由于反射光量的区别，因此会产生颜色的明暗及强弱。颜色有深浅、明暗的变化，如深黄、中黄、淡黄、柠檬黄等黄色系在明度上就不一样，紫红、深红、玫瑰红、大红、朱红、橘红等红色系在亮度上也不尽相同。这些在明暗、深浅上的不同变化，就是色彩的明度变化。

　　在所有的颜色中，白色明度最高，黑色明度最低。不同色相的颜色明度也不同，从色相环中可以看到黄色最亮，即明度最高；蓝色最暗，即明度最低；青、绿色为中间明度。黄色比橙色亮、橙色比红色亮、红色比紫色亮。不同明度的色彩，给人的印象和感受是不同的。

　　任何一种色相中加入白色，都会提高明度，白色成分越多，明度也就越高。任何一种色相中加入黑色，明度会相对降低，黑色越多，明度越低。不过相同的颜色，因光线照射的强弱不同也会产生不同的明暗变化。

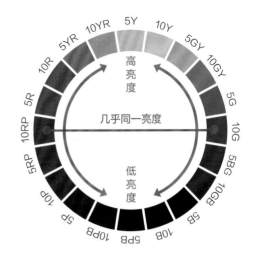

◇　色相越向上靠近黄色明度越高，越向下靠近蓝色明度越低，左右并排的色相明度基本相同

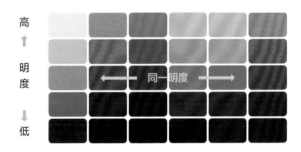

△　横向是同一明度，纵向是同一色相。即使色相不同，横向的明度是相同的。像这样即使色相相同但是明度有差别，就产生了色彩的变化

△　低明度色彩的空间给人一种安静舒适的感觉

△　高明度的色彩搭配带来轻快活泼的感觉

3. 纯度

色彩纯度，是指原色在色彩中所占据的百分比，是深色、浅色等色彩鲜艳度的判断标准。通常纯度越高，色彩越鲜艳。纯度最高的色彩就是原色，随着纯度的降低，色彩就会变得暗、淡。纯度降到最低就会变为无彩色，也就是黑色、白色和灰色。同一色相的色彩，不掺杂白色或者黑色，则被称为纯色。纯度最高的色彩就是原色，红色、橙色、黄色、紫色等纯度也较高，蓝绿色是纯度最低的色相。

在纯色中加入不同明度的无彩色，会出现不同的纯度。以红色为例，向纯红色中加入一点白色，纯度下降而明度上升，变为淡红色。反之，加入黑色或灰色，则相应的纯度和明度同时下降。

由不同纯度组成的色调，接近纯色的叫高纯度色，接近灰色的叫低纯度色，处于两者之间的叫中纯度色。从视觉效果上来说，纯度高的色彩由于明亮、艳丽，因而容易引起视觉的兴奋和人的注意力；低纯度的色彩比较单调、耐看，更容易使人产生联想；中纯度的色彩较为丰富、优美，许多色彩似乎含而不露，但又个性鲜明。

△ 利用局部的高纯度色彩制造黑、白、灰空间的视觉亮点

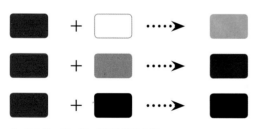

△ 加入黑、白、灰，就可以降低纯度

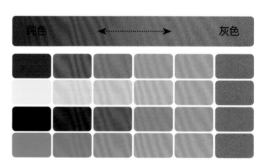

△ 左边是不含杂色的纯色，随着纯度逐渐降低后接近灰色

△ 高纯度色

△ 中纯度色

△ 低纯度色

4. 色调

色调是指各物体之间所形成的整体色彩倾向。例如一幅绘画作品虽然用了多种颜色，但总体有一种倾向，是偏蓝或偏红，是偏暖或偏冷等，这种颜色上的倾向就是一幅绘画的色调。不同色调表达的意境不同，给人的视觉感受和产生的情感色彩也不同

色调的类别很多：从色相分，有红色调、黄色调、绿色调、紫色调等；从色彩明度分，有明色调、暗色调、中间色调；从色彩的冷暖分，有暖色调、冷色调、中性色调；从色彩的纯度分，有鲜艳的强色调和含灰的弱色调等。以上各种色调又有温和的和对比强烈的区分，例如鲜艳的纯色调、接近白色的淡色调、接近黑色的暗色调等。

色调是决定色彩印象的主要元素。即使色相不统一，只要色调一致的话，画面也能展现统一的配色效果。

△ 鲜艳的纯色调

△ 接近于白色的淡色调

△ 接近于黑色的暗色调

◇ 色调氛围表

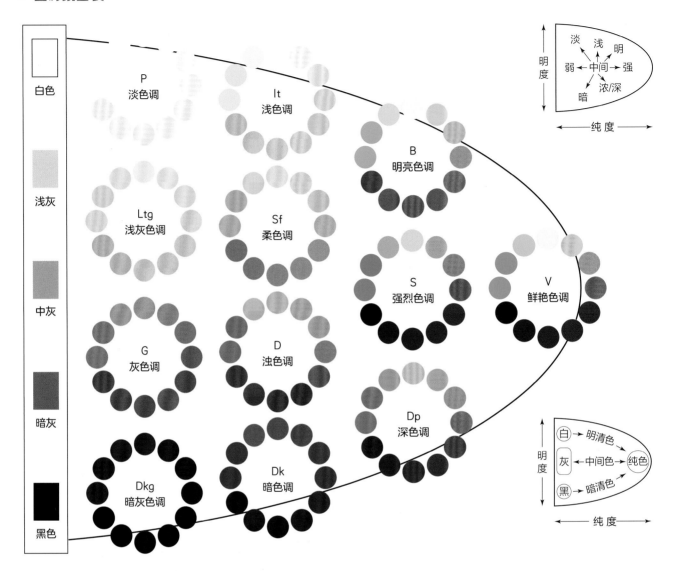

淡色调	浅色调	明亮色调
轻柔、浪漫、天真、简洁	温顺、柔软、纯真、纤细	单纯、快乐、清爽、舒适
浅灰色调	**柔色调**	**强烈色调**
高雅、内涵、洗练、女性	温和、雅致、和蔼、舒畅	热情、动感、活泼、年轻
灰色调	**钝色调**	**深色调**
稳重、朴素、高档、安静	庄严、田园、成熟、厚重	浓重、华丽、高级、丰富
暗灰色调	**暗色调**	**鲜艳色调**
厚重、古朴、强力、高级	传统、古典、结实、执着	热情、活力、鲜明、艳丽

1.2 色彩在空间中的主次关系

　　色彩是极富情感的视觉因素，同时还具有塑造空间氛围和气质的作用。室内空间的色彩，即为墙面、顶面、地面、门窗等界面的色彩，同时还包括家具、窗帘以及各种饰品的色彩。整体上可将其分为背景色、主体色、衬托色以及强调色等四种。

　　由于每一处的色彩都具有各自的功能体现，因此以什么颜色作为背景色、主体色、衬托色和强调色，是设计室内色彩时首先应考虑的问题。同时，合理安排好四者的搭配关系，也是设计完美室内空间的基础之一。

1. 背景色

　　背景色一般是指墙面、地面、吊顶、门窗等大面积的界面色彩。就软装设计而言主要指墙纸、墙漆、地面色彩，有时可以是家具、布艺等一些大面积色彩。背景色由于其绝对的面积优势，支配着整个空间的装饰效果，而墙面因为处在视线的水平方向上，对整体效果的影响最大，往往是室内空间配色首先关注的地方。

　　不同的色彩在不同的空间背景下，因其位置、面积、比例的不同，会形成不同的室内风格，人的心理知觉与情感反应也会有所不同。例如在硬装上，墙纸、墙漆的色彩就是背景色；而在软装上，家具就从主体色变成了背景色来衬托陈列在家具上的饰品，形成局部环境色。

△ 华丽、跃动的居室氛围，背景色应选择高纯度的色彩

△ 自然、田园气息的居室，背景色可选择柔和的浊色调

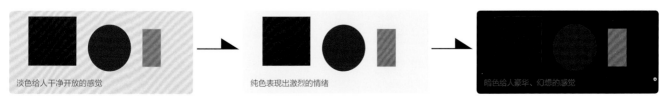

淡色给人干净开放的感觉　　　　纯色表现出激烈的情绪　　　　暗色给人豪华、幻想的感觉

△ 同样的色彩，只要背景色发生变化，整体感觉也会跟着变化

2. 主体色

　　主体色主要由大型家具或一些大型的室内陈设、装饰织物所形成。主体色一般作为室内配色的中心色，因此在搭配其他颜色时，通常以围绕主体色为主。卧室中的床、客厅中的沙发以及餐厅中的餐桌等，都属于其对应空间内的主体色。

　　主体色的选择通常有两种方式：如需在空间中产生鲜明、生动的视觉效果，可选择与背景色呈对比效果的色彩；如要营造整体协调、稳重的感觉，则可以选择与背景色相接近的颜色。

△ 主体色与背景色呈对比关系，整体显得富有活力

△ 主体色与背景色相协调，整体显得优雅大方

△ 客厅中的沙发和卧室中的睡床颜色就是其对应空间里的主体色

△ 客厅中主沙发的颜色往往就是空间中的主体色

3. 衬托色

衬托色在视觉上的重要性和体积次于主体色，通常为小沙发、椅子、茶几、边几、床头柜等分布于主要家具附近的小家具。

如果衬托色与主体色保持一定的色彩差异，可以制造空间的动感和活力，但注意衬托色的面积不能过大，否则就会喧宾夺主。衬托色也可以选择主体色的同一色系和相邻色系，这种配色更加雅致。如果为了避免单调，可以通过提高衬托色的纯度形成层次感，由于与主体色的色相相近，整体仍然非常协调。

△ 作为衬托色的常见软装元素

△ 异形茶几的蓝色虽然纯度很高，但在面积上处于次要地位，是空间的衬托色

△ 衬托色与主体色为同一色系，通过纯度差异形成层次感

△ 衬托色与主体色形成色彩对比，制造出活力与动感

4. 强调色

　　强调色是指室内易于变化的小面积色彩，比如抱枕、灯具、织物、植物花卉、饰品摆设等。强调色一般会选用高纯度的对比色，以其强烈的色彩表现，打破室内单调的视觉效果。虽然使用的面积不大，但却是空间里最具表现力的装饰焦点之一。

　　强调色具有醒目、跳跃的特点，在实际运用中，强调色的位置要恰当，避免成为添足之作。在面积上要恰到好处，如果面积太大就会将统一的色调破坏，面积太小则容易被周围的色彩同化而不能起到作用。

△ 装饰画形态的强调色

✕　大面积鲜艳的色彩　　✕　小面积不显眼的颜色　　✓　小面积的鲜艳色彩

△ 花器形态的强调色

△ 饰品形态的强调色

1.3 色彩的视觉印象

虽然色彩只是一种物理现象，却能给人带来不同的感受。每一种色相，当它的纯度和明度发生变化时，其视觉感受也会随之产生变化。或产生明亮、鲜艳的感觉，或产生华丽与低调、暖或冷等这样的印象。这种具有情绪性的颜色作用就是色彩具有的心理效果。通常是根据色相、明度、纯度各自的作用及组合，来表达各种感情。

1. 色彩的冷暖感

色彩的冷暖感主要是通过色彩对视觉的作用而使人体所产生的一种主观感受。

红色、黄色、橙色以及倾向于这些颜色的色彩能够给人温暖的感觉，通常看到暖色就会联想到灯光、太阳光、荧光等，所以称这类颜色为暖色。蓝色、蓝绿色、蓝紫色会让人联想到天空、海洋、冰雪、月光等，使人感到冰凉，因此称这类颜色为冷色。

冷暖感基本是靠色相决定的，根据纯度和明度的不同，冷暖的感觉也会产生变化。暖色纯度越高热度也会越强烈，冷色亮度越高越会给人寒冷的感觉。不具有色相的黑、白、灰这种无彩色，有时也会被分在冷色系中。

△ 红、橙、黄等暖色系视觉上给人温暖印象

△ 蓝、蓝绿等冷色系视觉上给人寒冷印象

△ 暖色系软装元素　　　　△ 冷色系软装元素

△ 冷色系软装搭配方案

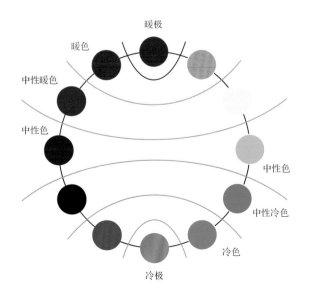

（色相环图示：暖极、暖色、中性暖色、中性色、中性色、中性冷色、冷色、冷极）

△ 暖色系软装搭配方案

2. 色彩的软硬感

色彩的软硬感主要与明度有关系：明度高的色彩给人以柔软、亲切的感觉；明度低的色彩则给人坚硬、冷漠的感觉。此外，色彩的软硬感还与纯度有关：高纯度和低明度的色彩都呈坚硬感；明度高、纯度低的色彩有柔软感，中纯度的色彩也呈柔软感，因为它们易使人联想到动物的皮毛和毛绒织物。还有，暖色系较软，冷色系较硬。

在无彩色中，黑色与白色给人以较硬的感觉，而灰色则较柔软。进行软装设计时，可利用色彩的软硬感来创造舒适宜人的色调。

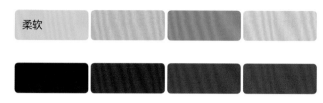

△ 亮色给人柔软的感觉，暗色给人坚硬的感觉

△ 左边高明度黄色的椅子显得柔软，右边低明度的椅子显得坚硬

△ 给人柔软感的配色方案

△ 给人坚硬感的配色方案

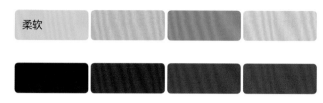内含文字：柔软

3. 色彩的轻重感

色彩的轻重感是由于不同的色彩刺激，而使人感觉事物或轻或重的一种心理感受。

决定轻重感的首要因素是明度，明度越低的颜色越显重，明度越高的颜色越显轻。明亮的色彩如黄色、淡蓝等给人以轻快的感觉，而黑色、深蓝色等明度低的色彩使人感到沉重。其次是纯度，在同明度、同色相条件下，纯度高的颜色感觉轻，纯度低的颜色感觉重。

所有色彩中，白色给人的感觉最轻，黑色给人的感觉最重。从色相方面来说，暖色系的黄、橙、红给人的感觉轻，冷色系的蓝、蓝绿、蓝紫给人的感觉重。

△ 上轻下重的色彩分布可保持空间的稳定感

△ 左边的明度高显得轻，右边的明度低显得重

△ 左边的暖色显得轻，右边的冷色显得重

△ 顶面颜色较为浓重，可有效降低空间的视觉重心

4. 色彩进退感

同一背景、面积相同的物体，由于其色彩的不同，有的给人以突出向前的感觉，有的则给人后退深远的感觉。

色彩的进退感多是由色相和明度决定的：活跃的色彩有前进感，如暖色系色彩和高明度色彩就比冷色系和低明度色彩活跃；冷色、低明度色彩有后退感。色彩的前进与后退还与背景密切相关，面积对比也很重要。

在室内装饰中，利用色彩的进退感可以从视觉上改善房间户型上的缺陷。如果空间空旷，可采用前进色处理墙面；如果空间狭窄，可采用后退色处理墙面。例如把过道尽头的墙面刷成红色或黄色，墙面就会有前进的效果，令过道看起来没有那么狭长。

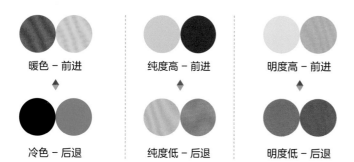

暖色 – 前进   纯度高 – 前进   明度高 – 前进

冷色 – 后退   纯度低 – 后退   明度低 – 后退

△ 同样大小的正方形，黄色的正方形给人一种向前突出的感觉，蓝色的正方形看起来是向后退的

△ 前进或后退尤其和亮度有关，可以看出相同的色相，亮度越高越具有前进感

△ 如果空间比较空旷，把墙面刷成红色或黄色，在视觉上具有前进感

△ 狭窄的过道墙面运用冷色在视觉上有后退感，会显得更加开阔

5. 色彩缩扩感

物体看上去的大小，不仅与其颜色的色相有关，明度也是一个重要因素。暖色系中明度高的颜色为膨胀色，可以使物体看起来比实际大同时也会感觉离得近；而冷色系中明度较低的颜色为收缩色，可以使物体看起来比实际小，同时像是在后退的感觉。像藏青色这种明度低的颜色就是收缩色，因而藏青色的物体看起来就比实际小一些。

在室内装饰中，只要利用好色彩的缩扩感，就可以使房间显得宽敞明亮。比如，粉红色等暖色的沙发看起来很占空间，使房间显得狭窄、有压迫感。而黑色的沙发看上去要小一些，让人感觉剩余的空间较大。

△ 暖色系中明度较高的明黄色沙发在视觉上具有膨胀感

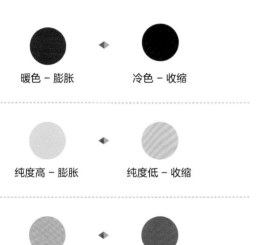

暖色 – 膨胀　　冷色 – 收缩

纯度高 – 膨胀　　纯度低 – 收缩

明度高 – 膨胀　　明度低 – 收缩

△ 冷色系中明度较低的宝蓝色沙发在视觉上具有一定的收缩感

△ 膨胀色的软装元素

△ 收缩色的软装元素

△ 相同形状和大小的图形，最左边的蓝色要比中间的黄色看起来小，最右边的黄色虽然和中间的同样是黄色，但是由于背景色明度高所以看起来小

1.4 色彩的特征与应用

在室内设计中运用色彩时，颜色有哪种特征，可以带给人们哪种感觉，都需要提前把握好，所选择颜色的应用要点也需要事先了解。

色彩名称		色彩特征	应用要点
灰色		无固有的感情色彩。无论哪个色相，纯度最低时都为灰色，可与所有的色彩调和。	灰色以其沉稳、包容、内敛的特性，成为室内墙面最为常用的色彩搭配之一。灰色的墙面能为软装饰品提供一个最佳的展示背景。
白色		无论与何种颜色组合都有凸显对方的功效。把白色作为背景，家具和摆放物看上去会更生动、鲜明。	冷白色、有光泽的白色不适合大面积的房间。冷蓝色、深蓝色的窗帘可让白色墙面显得更白，但容易给人冰冷的感觉。
米色		米色比驼色明亮清爽，比白色优雅稳重，整体色彩表现为明度高、纯度低，未经涂装的木材都是此颜色。	属于暖色系色彩，相比其他暗沉色系的颜色来说，米色更有利于舒缓人的疲劳，并有助于人进入睡眠，因此十分适合运用在卧室空间的墙面上。
棕色		秋天的颜色，稳重、文静，与米色、亮灰组合，可以形成稳重成熟的室内设计风格。	与冷色搭配比较困难，所以可与亮色组合，与暗色、浓色的组合，要注意色调和纯度的对比。
粉色		粉色给人以可爱、浪漫、温馨、娇嫩的联想，而且通常也是浪漫主义和女性气质的代名词。	明度对比强的颜色会变得没有品位，应尽量避免使用，可以用粉色来调和。
红色		红色的性格强烈、外露，饱含着一种力量和冲动，其内涵是积极、向上的，为活泼好动的人所喜爱。	运用在室内设计中的红色类型十分丰富，注意使用的量，大面积使用时需降低纯度，不宜使用强烈的红色。

黄色		黄色给人轻快、充满希望和活力的感觉，中国人对黄色特别偏爱，这是因为黄色与金黄同色，被视为丰收、高贵的象征。	在家居设计中，一般不适合用纯度很高的黄色作为主色调，因为它太过明亮，容易刺激眼睛，使用时应降低纯度。
橙色		橙色象征活力、精神饱满和交谊性，是所有颜色中最为明亮和鲜亮的，给人以年轻活泼和健康的感觉，是一种极佳的点缀色。	把橙色用在卧室不容易使人安静下来，不利于睡眠，但将橙色用在客厅会营造欢迎的气氛，同时橙色也是装点餐厅的理想色彩。
绿色		绿色被认为是大自然本身的色彩，象征着生机盎然、清新宁静与自由和平，因为给人的感觉偏冷，所以一般不适合在家居中大量使用。	与粉色、红色、蓝色进行搭配比较好，但注意墙面不宜大面积的使用高明度的绿色，以免在视觉上形成压迫感。
蓝色		蓝色使人自然地联想到宽广、清澄的天空和透明深沉的海洋，所以也会使人产生一种爽朗、开阔、清凉的感觉。	宁静的蓝色调能使烦躁的心情镇静，在厨房、书房或卧室中都可用蓝色装饰，不过需要加点与之对比的暖色进行点缀。
紫色		与蓝色具有相同效果的颜色，也是成熟的颜色，给人高贵神秘且略带忧郁的感觉，在西方，紫色是贵族经常选用的颜色。	大面积的紫色会使空间整体色调变深，从而产生压抑感，可以在居室的局部将其作为装饰亮点。
黑色		黑色最能显示现代风格的简单，这种特质源于黑色本质的单纯。作为最纯粹的色彩之一，它所具备的强烈的抽象表现力超越了任何色彩所能体现的深度。	软装设计中一般不能大面积使用黑色，以免形成过于严肃压抑的空间氛围。作为局部点缀使用较为合适，例如一把黑色的椅子或花瓶。
金色		金色是一种材质色，也是一种最辉煌的光泽色，更是大自然中至高无上的纯色，具有极醒目的作用和炫辉感。	金色需要与深色相搭配才比较协调，用金色搭配灰色最安全，对于中式风格来说，金色与黑色的组合是十分常见的色彩搭配。

1.5 空间配色比例

    想做好家居色彩的调配，不光要了解哪些颜色适合搭配在一起，还要知道哪个颜色该占多大面积，也就是色彩的比例分配。以黑、白两色的时尚搭配为例，在白色的衣服上搭配黑色的小物件，和在黑色衣服上搭配白色的小物件，给人的感觉是完全不同的。在家居空间中，色彩占比的不同，也会对这个房间最终给人的感觉造成不同的影响。

    家居色彩黄金比例为 60∶30∶10，其中60%为背景色，包括基本墙面、地面、顶面的颜色，

    30% 为辅助色，包括家具、布艺等颜色，10% 为点缀色，包括装饰品的颜色等，这种搭配比例可以使家中的色彩丰富，但又不显得杂乱，主次分明，主题突出。

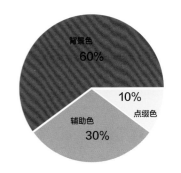

背景色	60%	顶面、墙面、地面
辅助色	30%	沙发、茶几、边几
点缀色	10%	抱枕、挂画、花艺、台灯

△ 合理的色彩搭配比例给人主次分明的印象

1.6 空间色彩主题的设定

一个空间为什么用某种色彩作为主题，首先要考虑的是使用者的文化背景、职业爱好，其次是空间的功能用途，比如是客厅、书房还是卧室，先根据这些来设定一个色彩的框架，然后定出空间的色彩主题。

一些专有色彩的选择往往是有特定的故事背景的。例如国际大牌爱马仕选择橙色作为主体色，是因为"二战"期间物资短缺，爱马仕的包装只剩下橙色的材料，所以被迫选择这种橙色作为包装，结果一面世之后便受到了热捧。于是爱马仕便把橙色作为主打专用色，并延续至今。

又比如蒂芙尼蓝这种色彩在女性中非常受欢迎。一种说法是源于当时的婚恋习俗，圣母玛利亚的蓝色披风代表的是圣洁。还有一种说法是蒂芙尼蓝取自知更鸟蛋壳的颜色，在欧美文化中，蓝色的知更鸟蛋象征两个人相爱结合后的爱情结晶，代表婚姻和家庭的幸福。

爱马仕橙——配色灵感

蒂芙尼蓝——灵感配色

△ 爱马仕橙的纯度比较高，在空间中运用纯度高的颜色时，要注意它的用色面积和比例，否则容易给人一种过于刺激的视觉感受

△ 蒂芙尼蓝和米白色的搭配具有温和不刺激、凉爽惬意的感觉，让人心旷神怡

1.7 客户色彩喜好分析

通常当一个人被问最喜欢什么颜色的时候，大多数人都能回答出来。这并不意味着要将这种颜色大面积地运用到家居空间设计中，当了解到客户的喜爱或避讳时，易于选出符合客户需求的配色方案。设计时需要根据客户不同的风格偏好选择配色方案，比如，客户喜欢北欧风格可以使用白色和原木色来营造相应的氛围；而为喜欢新中式风格的客户设计方案则常用浓艳的红色、绿色，还有水墨画般的淡色，甚至还可以搭配浓淡相间的中性色。

此外，客户对色彩的喜好，因年龄和性别、地域和文化的不同，会有不同的倾向。在色彩设计上，设计师根据目标客户群，准确把握各年龄段人群的喜好色是非常重要的。

△ 北欧风格配色方案

△ 新中式风格配色方案

📄 不同年龄人群的色彩喜好表

幼年	●●	喜欢明亮的、鲜艳的颜色，喜欢红色和橙色等暖色。
儿童	●●●	除幼年的喜好外还加入了黄色，喜欢明亮的颜色，还喜欢活泼色调和亮色调。
青年	●●●●	对暖色和冷色系的偏好有所增加，对抑制纯度的淡色系和低亮度的深色系等嗜好也有所增加，包括白色和黑色。
壮年	●●●●●	冷色系和中性色的偏好也有所增加，喜欢的颜色也变得多样化。深色调和浊色调等暗色，以及灰暗色调这样的颜色也被喜欢。
中老年	●●●●●	以喜欢低亮度和低纯度为中心。还喜欢中纯度的浊色调和灰色调这种古朴的颜色。

居住人群色彩分析

2.1 儿童房配色

1. 婴儿时期

婴儿时期的儿童房以粉色系为主，纯度太高的色彩会吓到这个年龄段的孩子，例如纯红、纯黄和纯橙色会令婴儿哭闹不停。传统的概念是男婴房用浅蓝色，女婴房用粉红色。而苹果绿、稻草黄、海洋蓝等色彩散发着温暖与宁静，对男、女婴儿都适用。

△ 婴儿时期的儿童房配色方案

2. 幼儿时期

幼儿时期的儿童房适合选择柔和的中明度色彩，能让孩子感受到爱和安全感。如果选择绿色作为房间的主色，黄绿色和蓝绿色要比纯绿色效果好很多，特别是新鲜的黄绿色可以通过跟浅橙色或粉红色搭配，实现刺激视觉活力的效果。

△ 幼儿时期的儿童房配色方案

3. 少年时期

少年阶段的孩子喜欢那些让他们感觉精神振奋的颜色，开始注重个性化表现，通过他们喜欢的色彩甚至能理解他们的性格特征。作为卧室休息空间，一些高纯度的色彩通常不用作主色，可以作为床头背景墙或作为家具、布艺的用色，主色则以中性色为主。如果功能偏重于学习，各种中明度的蓝绿色是理想选择，辅助搭配一些奶黄色、橙黄色以活跃空间的氛围。

△ 少年时期的儿童房配色方案

2.2 老人房配色

老年人一般都喜欢相对安静的环境，在装饰老人房时需要考虑到这一点，使用一些舒适、安逸的配色。例如，使用色调不太暗沉的中性色，表现出亲近、祥和的感觉。红、橙等高纯度且易使人兴奋的色彩应避免使用。在柔和的前提下，老人房也可使用一些对比色来增添层次感和活跃度。

在配色上，除了纯色调和明色调之外，所有的暖色都可以用来装饰老人房。暖色系使人感到安全、温暖，能够给老人带来心灵上的抚慰，使之感到轻松、舒适。棕红色具有厚重感和沧桑感，能够更好地表现老年人的阅历，为了避免过于沉闷，加入浅灰蓝色，以弱化的对比色令空间彰显宁静优雅之感。

△ 中性色的卧室给人优雅高级的感觉，也有助于营造温馨的氛围

△ 在老人房中形成一组冷暖色的弱对比，增添层次感和活跃度

△ 木质、石材等自然材质的色彩有助于老年人保持美好的记忆情怀

2.3 男性空间配色

男性空间的配色应表现出阳刚、有力量的感觉。具有冷峻感和力量感的色彩最为合适。例如蓝色、灰色、黑色，或者暗色调及浊色调的暖色系，明度纯度较低。若觉得暗沉色调显得沉闷，可以用纯色或者高明度的黄色、橙色、绿色等作为点缀色。

深暗色调的暖色，例如深茶色与深咖色可展现出厚重、坚实的男性气质。蓝色加灰色组合，能够展现出雅俊的男性气质。其中，加入白色可以显得更加干练和充满力量，而暗浊的蓝色搭配深灰，则能体现高级感和稳重感。深暗的深色和中性色能传达出厚重、坚实的印象，比如深茶色和深绿色等。而在蓝、灰组合中，加入深暗的暖色，会传达出传统而考究的绅士派头。此外，通过冷、暖色强烈的对比来表现富有力度的阳刚之气，是表现男性印象的要点之一。

△ 蓝色和黑、灰色等无彩色具有典型的男性气质

▶ 少年男性

▶ 年轻男性

▶ 成熟男性

▶ 沉稳男性

△ 深暗强力的色调，能传达出男性的力量感

2.4 女性空间配色

女性空间的配色不同于男性空间，在使用色相方面基本没有限制，即使是黑色、蓝色、灰色也可以应用，但需要注意色调的选择，避免过于深暗的色调及强对比。

女性居住的空间应展现出女性特有的温柔美丽和优雅气质，配色上常以温柔的红色、粉色等暖色系为主，色调反差小，过渡平稳。也可使用糖果色进行配色，如粉蓝色、粉绿色、粉黄色、柠檬黄、宝石蓝和芥末绿等甜蜜的女性色彩为主色调，这类色彩以香甜的基调带给人清新的感受。此外，紫色具有特别的效果，即使是纯度不同的紫色，也能创造出具有女性特点的氛围。

△ 以粉色为主的高明度配色能展现出女性追求的甜美感

▶ **可爱女性**

▶ **年轻女性**

▶ **成熟女性**

▶ **优雅女性**

△ 紫色是具有浪漫特征的颜色，最适合创造出女性氛围

软装全案常用配色技法

3.1 单色配色法

是指完全采用同一色相但不同纯度和明度的色彩进行配色的组合，例如青配天蓝，墨绿配浅绿，咖啡配米色，深红配浅红等，这种色彩搭配极有顺序感和韵律感。在各种同类型配色方案中，紫色和绿色是最理想的选择，因为它们都是冷暖结合的色彩，紫是红加蓝，绿是黄加蓝。

单色配色方案能化细碎为整体，对于色彩初学者来说也最能锻炼其辨色能力，通过单色型配色方案的搭建能充分观察同一色彩的明度和纯度变化，找出理想的搭配规律。但必须注意单色搭配时，色彩之间的明度差异要适当：相差太小，太接近的色调容易相互混淆，缺乏层次感；相差太大，对比太强烈的色调会造成整体的不协调。

单色搭配时最好有深、中、浅三个层次变化，少于三个层次的搭配显得比较单调，而层次过多容易显得杂乱。

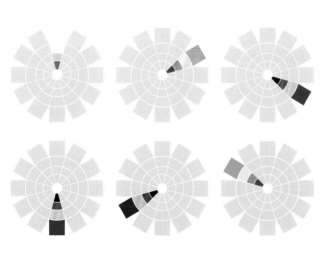

△ 单色配色法

3.2 跳色配色法

跳色搭配是指在色轮中相隔一个颜色的两个颜色相结合组成的配色方案。相比单色配色方案，跳色更显活泼。

跳色有两种组合：一种是原色加一个复色，另一种是由两个间色组合。跳色配色方案本身的跨度不大，却要比同类型配色有更多的可变化性，在色彩的冷暖上也可以营造更丰富的体验。如果想营造一个色彩简单但活泼的空间，跳色方案是一个很好的选择。比如黄色和绿色搭配就十分和谐，因为绿色本身就含有黄色，又如蓝紫色和红紫色，两者共享紫色。

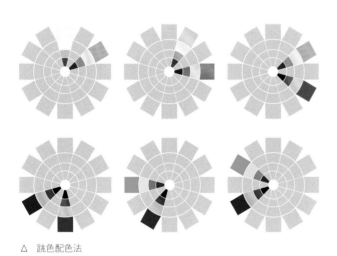

△ 跳色配色法

3.3 邻近配色法

邻近配色是指 12 色相环中相邻或三个并肩相连的色彩构建而成的色彩。如黄色、黄绿色和绿色，红橙、橙和黄橙等，虽然它们在色相上有很大差别，但在视觉上却比较接近。搭配时通常以一种颜色为主，其他颜色为辅。一般来讲，邻近型配色就是指几个颜色之间有着共用的颜色基因，如果想要实现色彩丰富又要追求色彩整体感时，邻近型配色方案是一个好选择。

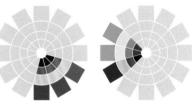

△ 邻近配色法

3.4 对比配色法

对比色在 12 色相环上相当于间隔三个颜色的颜色。三个基础色互为对比色，如红与蓝、红与黄、蓝与黄；三个间色互为对比色，如紫色与橙色，橙色与绿色，绿色与紫色。对比配色的实质就是冷色与暖色的对比，在同一空间内，对比色能制造富有视觉冲击力的效果，但不宜大面积同时使用。

在软装设计中，运用对比色搭配是一种极具吸引力的挑战。在强烈对比之中，暖色的扩展感与冷色的后退感都表现得更加明显，彼此的冲突也更为激烈。要想实现恰当的色调平衡，最基本的就要避免色彩形成混乱。弱化色彩冲突的要点：首先在于减低其中一种颜色的纯度；其次注意把握对比色的比例，最忌讳两种对比色使用相同的比例，除了突兀，更会让人感觉视觉不快。在对比色中也要确定一种主色，一种辅色。

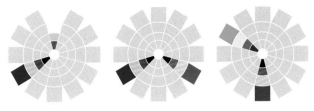

△ 对比配色法

(3.5) **互补配色法**

互补色是指处于色相环直径两端的一组颜色组成的配色方案，例如红和绿、蓝和橙、黄和紫等。互补色配色很容易实现冷暖平衡，因为每组都由一个冷色和一个暖色组成，所以容易形成色彩张力，激发人的好奇心，吸引人的注意力。

互补色比对比色的视觉效果更加强烈和刺激。如果想要突显空间的色彩效果，特别是表现对立色彩关系营造的效果，或者想达到一种使人的注意力同时关注多处而非聚焦于某一处的效果，对立互补色就是很好的选择。互补色的运用需要较高的配色技能，一般可通过面积大小、纯度、明亮的调和来达到和谐的效果，使其表现出特殊的视觉对比和平衡效果。在这种配色方案中，要适当调整其中一个色彩的明度和纯度，以免造成彼此相等从而相争的关系，如用亮红搭配灰绿。

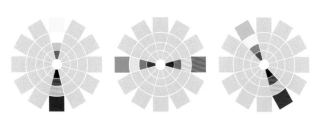

△ 互补配色法

3.6 三角配色法

三角配色是指在色相环上形成等边三角形关系的色彩组合，例如红、黄、蓝三种颜色在色相环上组成一个正三角形，这种组合具有强烈的动感。如果使用三间色，则效果会温和一些。如果想要表达畅快明朗、华丽开放、成熟稳定、阳光轻快之类的意象主题，可以运用三角配色方案。在使用时，一定要选出一种色彩作为主色，另外两种作为辅助色。此外，三角配色中可加入少量其他颜色，形成更为稳定的配色。

三角配色方案非常活跃，适合面积较大的住宅空间。即使不熟悉色轮原理或色彩理论的人，也会觉得这样的三种颜色组合在一起时是平衡的，比如红、黄、蓝，绿、紫、橙，或红紫、蓝绿、黄橙，色彩的把控更复杂但效果也更能引人入胜。蒙德里安的红、黄、蓝色彩艺术拼图最具代表性。

△　三角配色法

3.7 四角配色法

在 12 色相环中由四个颜色形成正方形的配色组合，也就是将两组互补色交叉组合之后，便得到四角配色，特点是在醒目安定的同时又具有紧凑感。在一组互补色产生的紧凑感上复加一组，是冲击力最强的配色类型。例如当抱枕这类点缀色以四角配色组合时，可立即显现出活跃的气氛。

△　四角配色法

3.8 全相配色法

全相配色是使用全部色相进行搭配的类型，产生自然开放的感觉，表现出十足的华丽感。使用的色彩越多越感觉自由。一般使用色彩的数量有五种的话，就被认为是全相型。因为全相型的配色将色环上的主要色相都网罗在内，所以达成了一种类似自然界中的丰富色相，形成充满活力的节日气氛。

全相配色中，不具有特定颜色所持有的印象是其一大特征，所以颜色的面积上有较大差异的话，所持有的印象就会被强调。另外，每个颜色的面积都很大的话，颜色数量少，颜色集合所强调的华丽就无法被表现出来。多色配色中，是以颜色之间的对比来表现变化的，所以颜色配置需要不规律，不可以把类似色和相同色放得过近。

△ 全相配色法

3.9 分离配色法

如果出现多种色彩，并且不按照色相、明度、纯度的顺序进行色彩组合，而是将其打乱形成穿插效果的配色，可以形成一种开放感和轻松的气氛。这种配色方法跟全相型配色有点类似，给人一种活力感。

△ 分离配色法

3.10 突出主体法

一个空间中的主体色往往需要被恰当地突显，在视觉上才能形成焦点。如果主体色存在感很弱，整体会缺乏稳定感。

首先，可以考虑运用高纯度色彩的主体色，鲜艳的主体色可以让整体更加安定；其次，可用增加主体色与周围环境色明度差的办法，通常明度差小，主体色存在感弱，如果明度差增大，主体色就会被凸显；还有一种方法是当主体色的色彩比较淡雅时，可通过附加色给主体色增添光彩。但注意附加色的面积不能太大，否则就会升级成为衬托色这样的大块色彩，从而改变空间的色彩主体关系。小面积的应用既能装点主体色，又不会破坏整体感觉。

△ 米白色的餐桌显得低调雅致，增添几把高纯度的红色餐椅，可以将视线吸引到家具主体上来

3.11 渐变排列法

渐变排列法是指色彩按一定方向逐渐变化，既有从红到蓝的色相变化，也有从暗色调到明色调的明暗变化。这类配色方法可以产生韵律感。根据颜色组合的方式不同，可以表现出空间的深邃感、质感和立体感。在沙发上摆设多种颜色

的抱枕容易显得杂乱，但按照色相排列的方式进行摆设，可给人一种协调感。又比如在空间中，顶面采用白色或比墙面浅的色彩，地面采用重色，形成从上而下的明度渐变，整体给人非常稳定的感觉。

△ 从顶面到地面，色彩明度以渐变方式递减，重心居下，给人一种稳定感

△ 没有采用渐变配色，深色墙面使得空间重心居中，动感强烈

常见装饰纹样类型

4.1 几何纹样

几何纹样从原始构成上来说，就是经、纬线的交替穿插。从古至今，人们根据自己的想法创作改变经、纬线秩序，排列形成各种复杂多变的几何纹样。点、线、面的巧妙组合本身就是一门艺术。几何图案的美学意义，首先就是和谐之美，由和谐派生出对称、连续、错觉，这四种审美既独立存在，又相互联系。几何纹样在墙面装饰上有着广泛的应用，是现代风格装饰的特征。常见的有条纹、格纹、菱形纹样以及波普纹样等。

△ 条纹纹样在软装设计中的应用

📑 常见几何纹样速查表

条纹		作为一款经典的纹样，装饰性介于格子与纯色之间，跳跃性不强，显得典雅大方。一般来说，墙面运用竖条纹可以让房间看起来更高，水平条纹可以让房间看起来更大。如果追求个性，对比鲜明的黑白条纹可吸引足够的目光。
格纹		是由线条纵横交错而组合出的纹样。它没有波普的花哨，多了一份英伦的浪漫，如果墙面巧妙地运用格纹元素，可以让整体空间散发出秩序美和亲和力。
菱形纹样		很早就被人们所运用，早在公元前 3000 年左右的马家窑文化时期的彩陶罐就用了菱形作为装饰。因为菱形纹样本身就具备了均衡的线面造型，基于它与生俱来的对称性，从视觉上就给人以稳定、和谐之感。
波普纹样		是一种利用人类视觉上的错视所绘制而成的绘画艺术。它主要采用黑白或者彩色几何形体的复杂排列、对比、交错和重叠等手法造成各种形状和色彩的骚动，形成有节奏的或变化不定的活动感，给人以视觉错乱的印象。

4.2 古典纹样

传统古典纹样分为中式古典纹样和欧式古典纹样，指的是历代流传下来的具有独特民族艺术风格的纹样。中式古典纹样中常见的有回纹、卷草纹、梅花纹、祥云纹等。

△ 回纹是在中国传统文化中称为富贵不断头的一种几何纹样。由古代陶器和青铜器上的雷纹衍化而来

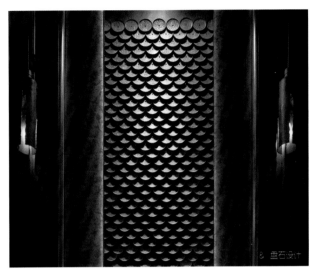

△ 绣于官服上的江崖海水纹，传递着平步青云的期盼，亦象征着山河永固、民族永兴的吉祥寓意

📄 常见中式古典纹样速查表

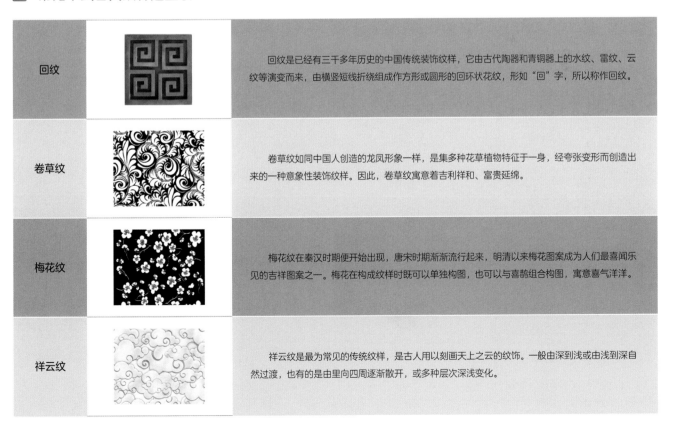

回纹		回纹是已经有三千多年历史的中国传统装饰纹样，它由古代陶器和青铜器上的水纹、雷纹、云纹等演变而来，由横竖短线折绕组成作方形或圆形的回环状花纹，形如"回"字，所以称作回纹。
卷草纹		卷草纹如同中国人创造的龙凤形象一样，是集多种花草植物特征于一身，经夸张变形而创造出来的一种意象性装饰纹样。因此，卷草纹寓意着吉利祥和、富贵延绵。
梅花纹		梅花纹在秦汉时期便开始出现，唐宋时期渐渐流行起来，明清以来梅花图案成为人们最喜闻乐见的吉祥图案之一。梅花在构成纹样时既可以单独构图，也可以与喜鹊组合构图，寓意喜气洋洋。
祥云纹		祥云纹是最为常见的传统纹样，是古人用以刻画天上之云的纹饰。一般由深到浅或由浅到深自然过渡，也有的是由里向四周逐渐散开，或多种层次深浅变化。

欧式古典纹样中常见的有佩斯利纹样、朱伊纹样、大马士革纹样、莫里斯纹样等。

△　大马士革纹样常用于欧式风格的软装设
　　计，具有低调奢华的气质

△　莫里斯纹样带有中世纪田园的美感，呈现怀旧复古气息

📑 常见欧式古典纹样速查表

佩斯利纹样		是欧洲非常重要的经典纹样之一。从最初的菩提树叶、海枣树叶摄取形状灵感，再到往大外形框架中注入几何、花型、细节。不像其他图案固定排列或颜色搭配，其花式设计大小不一，自由多变，唯一不变的可能就是那标志性的泪滴状图案。
朱伊纹样		作为法国传统印花布图案，以人物、动物、植物、器物等构成的田园风光、劳动场景、神话传说、人物事件等连续循环图案，构图层次分明。
大马士革纹样		大马士革纹样在罗马文化盛世时期是皇室宫廷的象征，大多是一种写意的花形，表现形式也千变万化，现在人们常把类似盾形、菱形、椭圆形、宝塔状的花形称作大马士革纹样。
莫里斯纹样		以装饰性的植物题材作为主题纹样的居多，茎藤、叶属的曲线层次分解穿插，互借合理，排序紧密，具有强烈的装饰意味，可谓自然与形式统一的典范，带有中世纪田园风格的美感。

4.3 植物花卉纹样

植物花卉纹样是指以植物花卉为主要题材的纹样设计，将植物花卉图案与现代墙面装饰设计相融合，在传承植物纹样传统文化的同时，体现了现代设计中人们对自然和生态的追求。我国是最早运用植物花卉纹样的国家，并对欧洲早期的纺织品纹样产生了深刻的影响。唐代团花纹样的出现，表明植物花卉纹样趋于成熟，此后又出现了以桃花、芙蓉、海棠为题材的植物花卉纹样，花卉纹样的应用更加广泛且逐渐成熟。不仅在中国，国外对植物花卉纹样的运用也有悠久的历史，例如，印度、波斯的织

△ 东南亚风格的装饰中常见阔叶植物类图案，体现热带雨林的主题

△ 中式风格的床头墙上绽放似锦繁花，空间中仿佛有一种时隐时现的鸟鸣声

物纹样多数起源于生命树的信仰，后来石榴、百合、玫瑰等花卉成为主要的题材。写实花卉纹样、写意花卉纹样、簇叶纹样是几种常见的植物花卉图案类型。

📄 常见植物花卉纹样速查表

写实花卉纹样		中国传统的工笔花卉画就是一种写实花卉纹样。受中国写实花卉的影响，西方早期花卉纹样主要是对客观事物的真实描绘，把多种花卉集于同一画面上，并使之疏密有致的分布。
写意花卉纹样		写意花卉纹样主要运用抽象、概括、夸张的手法来描绘花卉纹样，又被称作"似花非花的纹样"。
簇叶纹样		簇叶纹样主要将植物叶子作为单独装饰纹样的形象出现在墙面上，通过不同的排列组合形成强烈的节奏感和韵律感。早在17世纪前后，欧洲的巴洛克家居就出现了很多莨苕叶和棕榈叶的装饰纹样。

4.4 吉祥动物纹样

动物纹样出现的历史较早，在已发现的新石器时代的陶器上已经出现了大量的动物纹样，包括鱼纹、鹿纹、狗纹等，多较为抽象。除抽象的动物纹样之外，传统中式纹样中常常出现传说中祥瑞的动物纹样，如龙凤、麒麟、孔雀、仙鹤等。这些纹样由于寓意吉祥，深受人们的喜爱，但各个时期的同一动物纹样的造型与风格也有所不同。传统西方的动物纹样往往与神话故事相关联，例如拜占庭时期的狮鹫兽纹样、中世纪时期的独角兽纹样等。

现代装饰设计中对动物纹样的应用较为广泛，各种兽鸟纹为墙面带来了不同的纹样表情：一方面，可以表现动物与自然之间的和谐；另一方面，也可以表达动物与人类之间的和谐。如昆虫与鸟类等纹样，虽然小巧，但是往往可以起到画龙点睛的效果。

△ 祥云纹婉转优美，其美好吉祥的寓意让人感受到中国传统吉祥文化的博大精深

△ 仙鹤纹样

△ 龙凤纹样

△ 麒麟纹样

△ 孔雀纹样

& C.H.Y.室内设计

△ 龙纹是中华民族文化的象征之一，从原始社会至今始终沿用不衰

空间纹样应用要点

5.1 纹样内容选择

纹样不仅吸引视线，而且比单纯的色彩更能影响空间。但太过于具象的纹样内容会更加强烈地吸引人的注意力：一方面，后期与其他软装饰品的搭配相对困难；另一方面，作为空间的背景也过于活跃。通常儿童房、厨房等空间的使用功能相对单一，只要选对居住者喜欢的主题就好了，即使纹样相对显眼也无所谓。

一般来说，凡是与室内家具协调的纹样都可以用在墙面上。这样是为了达到室内的整体性，但是有时在设计中也可以大胆采用趣味性很强的纹样，以产生强烈的个性展示，既可以形成室内空间的视觉中心，又可以给人留下深刻印象。

单纯运用色彩装饰 ◆ 运用纹样装饰

不同色彩的同一种纹样可以营造出截然不同的空间氛围

| 灰色与白色力主的中性色纹样带来现代简洁的视觉印象 | 提高纯度与明度的粉色调纹样适合表现柔和、甜美而浪漫的空间 | 降低纯度与明度的暗色调纹样给人沉稳和厚重的感觉 |

5.2 纹样在软装设计中的应用

纹样可以应用在顶面、墙面、地面、地毯、窗帘、沙发、抱枕、床品、地毯和灯罩上，但这些地方不能同时使用纹样，否则色彩会显得很杂乱。设计师可以选择局部带有纹样，如窗帘、一小面墙、沙发或是床品，然后把纹样上的颜色变成色块，放置到房间各处，制造统一协调的氛围。

同一空间在选用纹样时，宜少不宜多，通常不超过两种纹样。如果选用三种或三种以上的纹样，则应强调突出其中一种主要纹样，减弱其余纹样，过多的纹样会让人产生视觉上的混乱。如果想让多种纹样和谐地运用在同一个房间，可选择底色相同，纹样造型不同的搭配方案，就能很好地协调到一个房间，纹样最好为几何图形、剪影图形等二维图形。通常多色、多纹样的搭配方式，最适合用在青少年房间。

△ 虽然墙面、地面与抱枕的纹样造型不同，但由于底色相同，视觉上依旧给人一种和谐的美感

△ 如果室内选择三种或三种以上的纹样，应突出其中一种主要纹样，减弱其余纹样

△ 富有立体感的地面纹样带来强烈的视觉冲击力

△ 墙面的雕花纹样强调空间的风格特征

新中式风格常用纹样速查表

山水风景纹样		山水画体现了中式传统文化的精髓，展现出中华民族独有的文化特色和艺术高度。水墨画里最具代表性的当属泼墨的山水画。除了单纯的水墨山水，略施薄彩的工笔山水或兼工带写的山水画也会起到不一样的效果。当山峦被赋予色彩之后，整体空间氛围会更贴近自然。
梅兰竹菊纹样		梅、兰、竹、菊，为历代文人歌颂与描绘：梅一身傲骨；兰孤芳自赏；竹潇洒一生；菊凌霜自放。把梅、兰、竹、菊作为墙面装饰的题材，不仅是颜值所致，更是寓意高贵，其中又以梅和竹的题材应用更加广泛。
花鸟虫鱼纹样		花鸟画历来都是经久不衰的绘画题材，自然风物，美好而鲜活，深得人们喜爱。中国风的花鸟画，也有自己独特的审美和画法，常见的有喜上眉梢、花开富贵等题材，应用在新中式风格的墙面装饰上，寓意美好与富贵。
抽象水墨纹样		以水墨为笔触，描绘出的抽象绘画，色彩或浓或淡，深浅过渡自然，如云如雾如炊烟，灵动飘逸，淡泊悠远，非常符合现代人的审美。"看庭前花开花落"，"望天上云卷云舒"，这份悠然与闲适，正是久居都市的人所追求的。
白墙黑瓦纹样		中式建筑也是极具特色的，尤其是江南水乡的建筑，白墙黑瓦，一幢一幢交叠在一起，黑白分明犹如一幅水墨画。如今钢筋水泥构筑的高楼大厦将那白墙黑瓦挤兑得越来越少，人们只能在以江南水乡建筑为装饰题材的墙面上，在记忆中回味它们的模样。

5.3 纹样对空间尺寸的影响

纹样可以在视觉和心理上"改变"房间的尺寸，能够使室内空间显得狭窄或者宽敞，通过调整室内的明暗度，使空间变得柔和。

一般来讲，色彩鲜明的大花纹样，使人视觉上感受墙面向前提或者墙面缩小；色彩淡雅的小花纹样，使人视觉上感受墙面向后退或者墙面扩展。纹样还可以使空间富有静感或动感。纵横交错的直线组成的网格纹样，会使空间富有稳定感；斜线、波浪线和其他方向性较强的纹样，则会使空间富有运动感。

△ 色彩鲜明的大花图案让墙面有前进感

△ 色彩淡雅的小花图案让墙面有后退感

大型或是深色的花纹，会给人带来压迫感，进而使得房间看上去更加狭小。

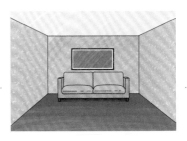

要想使房间更加宽敞，尽量选择白色或浅色的、无花纹或花纹较小的墙纸或是织品。

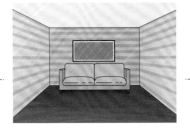

横向花纹会将事物横向拉长，用作墙纸会显得顶面较低，给人压迫感。

纵向条纹会将事物拉得更长，但如果花纹的颜色对比过于强烈，并且大面积使用的话，反而会显得室内狭小。

5

FURNISHING
DESIGN
软 装 全 案 教 程

第 五 章

软装全案中的
布艺搭配技法

墙纸类型与选择要点

1.1 墙布分类与选购

墙布也叫纺织墙纸，主要以丝、羊毛、棉、麻等纤维织成，由于花纹都是平织上去的，给人一种立体的真实感，摸上去也很有质感。墙布可满足多样性的审美要求与时尚需求，因此也被称为墙上的时装，具有艺术与工艺附加值。

& 范创意设计

△ 因为表层材质为丝、布等，所以可呈现更加细致精巧的质感

纱线墙布		纱线是一种人工纺纱工艺，具有环保性好，柔韧度强等特点。由于纱线墙布可用不同样式的纱或者线设计出丰富的图案和色彩，因此其装饰效果十分出众。
织布类墙布		织布类墙布可分为平织墙布、提花墙布、无纺墙布以及刺绣墙布等类型。由于其种类繁多，装饰效果丰富多样，可满足不同室内风格的装饰需求。
植绒墙布		植绒墙布是将短纤维黏结在布面上，具有质感良好的丝质感以及绒布效果。植绒墙布不会因为颜色的亮丽而产生反光，而且布面上的短纤维可以起到极佳的吸音效果。
功能类墙布		功能类墙布由于采用了纳米技术和纳米材料进行处理，因此具有阻燃、隔热、保温、吸音、抗菌、防水、防污、防尘、防静电等功能。

在购买墙布时，首先应观察其表面的颜色以及图案是否存在色差、模糊等现象。墙布图案的清晰度越高，说明墙布的质量越好。

其次看墙布正反两面的织数和细腻度，一般来说表面布纹的密度越高，说明墙布的质量越好。

此外，墙布的质量主要与其工艺和韧性有关，因此在选购时，可以用手去感受墙布的手感和韧性。特别是植绒类墙布，通常手感越柔软舒适，说明墙布的质量越好，并且柔韧性也会越强。

墙布的耐磨、耐脏性也是选购时不容忽视的一点。在购买时可以用铅笔在纸上画几下，然后再用橡皮擦擦看，品质较好的墙布，即使表面有凹凸纹理，也很容易擦干净，如果是劣质的墙布，则很容易被擦破或者擦不干净。

△ 墙布产品的环保性主要取决于墙布产品的原材料，以采用天然植物纤维做成的原纸最好

　　墙布和墙纸通常都是由基层和面层组成：墙纸的基底是纸基，面层有纸面和胶面；墙布则是以纱布为基底，面层以 PVC 压花制成。由于墙布是由聚酯纤维合并交织而成，所以具备很好的固色能力，能长久保持装饰效果。墙布的防潮性和透气性较好，污染后也比较容易清洗，并且不易擦毛和破损。

△ 因为表层材质为丝、布等，所以可呈现更加细致精巧的质感

1.2 纸质墙纸的特点

纸质墙纸是一种全部用纸浆制成的墙纸，这种墙纸由于使用纯天然纸浆纤维，透气性好，并且吸水、吸潮，是一种环保低碳的装饰材料。纸质墙纸的材质为两层原生木浆纸复合而成：打印面纸为韧性很强的构树纤维棉纸，底纸为吸潮、透气性很强的檀皮草浆宣纸。这两种纸材都是由植物纤维组成，从而透气、环保，不发霉、发黄。

纸质墙纸比 PVC 墙纸的价格略高，但是不含 PVC 墙纸的化学成分，用水性颜料便可以直接打印，打印图案清晰细腻，色彩还原好。纸质墙纸表面涂有薄层蜡质，无其他任何有机成分，是纯天然的墙纸，耐磨损。此外，纸质墙纸拥有不错的耐磨性和抗污性，保养十分简单，一旦发现墙纸有污迹，只需用海绵蘸清水或清洁剂擦拭；也可用湿布抹干净，然后再用干布抹干即可。

纸质墙纸以其材质构成不同，分为原生木浆纸和再生纸。原生木浆纸以原生木浆为原材料，经打浆成型，表面印花而成。其特点就是相对韧性比较好，表面较为光滑，每平方米的重量相对较重。再生纸以可回收物为原材料，经打浆、过滤、净化处理而成，该类纸的韧性相对较弱，表面多为发泡或半发泡型，每平方米的重量相对较轻。

△ 纸质墙纸由于其材质主要由草、树皮及天然加强木浆加工而成，因此环保性能高

△ 纸质墙纸的基底透气性好，在纸面上印有各种花纹图案

1.3 手绘墙纸的特点与分类

手绘墙纸是指绘制在各类不同材质上的绘画墙纸，也可以理解为绘制在墙纸、墙布、金银箔等各类软材质上的大幅装饰画。可作为手绘墙纸的材质主要有真丝、金箔、银箔、草编、竹质、纯纸等。其绘画风格一般可分为工笔、写意、抽象、重彩、水墨等。手绘墙纸颠覆了只能在墙面上绘画的概念，而且更富装饰性，能让室内空间呈现焕然一新的视觉效果。

手绘墙纸有多种风格可供选择，如中式手绘墙纸、欧式手绘墙纸和日韩手绘墙纸等。在选择时，切记不可喧宾夺主，不宜采用有过多装饰图案或者图案面积很大、色彩过于艳丽的墙纸。选择具有创意图案、风格大方的手绘墙纸，更有利于烘托出静谧舒适的氛围。

目前，市场上的手绘墙纸多以中国传统工笔、水墨画技法为主，其制作需要多名具有极其扎实绘画基本功的手绘工艺美术师，经过选材、染色、上矾、裱装、绘画等数十道工序打造而成。所以手绘墙纸虽然装饰效果不错，但是价格相对较贵。其价格根据墙纸用料及工艺复杂程度的不同略有差异，一般价格为 300~1200 元 /m^2。

△ 通常手绘墙纸装饰的墙面就是形成空间视觉焦点的主题墙

△ 新中式风格空间中的手绘墙纸应用

因为手绘墙纸都是量身定制的产品，在铺贴前还要先确定墙面尺寸和手绘墙纸的尺寸是否吻合。一般情况下手绘墙纸的高度会比实际尺寸多出10cm，宽度会多出10~20cm，这样做可以避免墙体不直造成画面不垂直。

手绘墙纸按材质可分为布面手绘、PVC手绘、真丝手绘、金箔手绘、银箔手绘、纯纸手绘、草编手绘、竹墙纸手绘等，其中布面手绘的材质又分为亚麻布、棉麻混纺布、丝绸布等。

& GND 设计

& 奥迅设计

△ 床头墙上的金箔手绘墙纸与床品的色调形成巧妙呼应

△ 花鸟图案的银箔手绘墙纸成为空间的视觉中心

真丝手绘		丝绸材质表层有轻微的珍珠光泽，由于是天然真丝织物，因此质感较柔和，色泽温润雅致，十分适合室内装饰。
金箔手绘		纯金打造的金箔手绘墙纸是高端奢华产品，一般需要完全定制，并且造价较高。市场上最常见的是运用由铜箔或合金产品代替的仿金箔手绘墙纸。
银箔手绘		银箔属于银灰色调，因此纯银箔材质的手绘墙纸可以和任何色彩搭配协调。由于银质的闪光度较高，因此能为室内空间营造雅而不俗的格调。
纯纸手绘		纯纸手绘墙纸的底材是纯天然纸浆纤维，十分绿色环保，可绘制的图案也丰富多样，是目前使用较为广泛的手绘墙纸之一。

窗帘搭配法则

2.1 窗帘基本结构

◆ 帘头

帘头在窗帘的整体结构中是起装饰作用的部分，处于窗帘的顶端，常见的设计样式有水波帘头、平脚帘头、帘头盒等。每一种帘头里面又可以设计制作出很多款式，带有帘头的窗帘可以更好地烘托室内的华丽氛围，如新古典装饰风格的室内常使用波浪式帘头及带有流苏的帘头。在现代简约风格的空间中，应避免使用复杂的帘头。

除了特殊装饰，一般帘头的高度是窗帘高度的 25%。如果房子的层高不是很高，建议不要使用造型复杂，太低的窗帘蔓头，以免遮挡窗户光线。

△　工字折帘头　　　　△　平幔帘头　　　　△　水波帘头

帘杆　　帘带　　　　帘头　　　　　　　帘栓

◆ 内帘

内帘一般为半透明纱质面料，通常与外帘搭配使用，起遮挡视线及装饰作用。内帘的材质主要有棉纱、涤纶纱、麻纱等。在款式上也和外帘一样分为垂挂式与升降式两种。内帘的使用，不仅可以起到很好的装饰效果，而且通过内帘与外帘的双层组合，可以更好地营造家居氛围，同时还有阻挡蚊虫以及防风的功能。

◆ 外帘

外帘的面料较厚，一般使用不透光或半透光的材料制作。如需要完全遮光效果的，可在外帘内侧搭配遮光帘进行处理。外帘的款式主要有垂挂式及升降式两种，根据安装方式的不同，则可分为明杆式垂褶帘、隐杆式垂褶帘、隐装式、轨道式等。

没有帘头的窗帘，其外帘一般直接悬挂于帘杆上。其固定方式有打孔穿杆式、帘杆穿通式、挂带式、挂钩式、绑带式等。丰富的固定方式搭配帘杆、帘钩等结构，能为窗帘带来不同的装饰效果。

● **外帘**　一般使用的是半透光或不透光的较厚面料

● **内帘**　一般为半透明纱质面料

◆ 帘杆、帘带、帘栓

帘杆、帘带、帘栓是窗帘设计中的常用配件。帘杆是用于悬挂外帘和内帘的部件，而帘带和帘栓则用于固定打开后的窗帘，两者通常搭配使用。帘杆的材料以金属和木质为主，其款式造型较为丰富，可根据窗帘的样式以及室内装饰风格进行选择。比如传统古典风格的空间可选择帘杆两侧带有装饰头的样式，给人以厚重饱满的感觉；而简约风格的空间则可以选择帘杆两侧不带装饰头，并且只有一个简单封口的帘杆，以衬托简约的空间格调。

△　悬挂外帘和内帘的帘杆

△　帘带和帘栓通常搭配使用

帘杆一般分为滑轨和罗马杆两种。滑杆是指一条轨道中间有一串拉环。罗马杆是指一个杆子上穿圆环，两头用大于圆环的头部堵住。滑轨造型简洁，一般安装在顶面，会用窗帘盒、石膏线或者吊顶挡住。罗马杆有各种美观的造型，一般安装在墙面，露出来比较好看。

△　滑杆

△　罗马杆

2.2 常见窗帘类型

　　窗帘分为成品帘和布艺帘。成品帘分为卷帘、折帘、日夜帘、垂直帘、蜂窝帘、百叶帘等。布艺帘分为横向开启帘和纵向开启帘。横向开启帘分为最常见百搭的平拉式窗帘和较为普遍的掀帘式窗帘，其中平拉式窗帘比较随意，使用灵活，适合绝大多数窗户。纵向开启帘又分为罗马帘、奥地利帘、气球帘和抽拉抽带帘。

📄 成品帘

卷帘		可随心调整至自己喜欢的高度，有单色、花色，也有整幅帘是一幅图案的。	垂直帘		因叶片一片片垂直悬挂于上轨而得名，可左右自由调光达到遮阳目的。
折帘		外形类似折扇，是一种可以折叠的窗帘，能够有效减少占用空间。	蜂巢帘		又名风琴帘，灵感来自于蜂巢的设计，市场上目前有两种类型：全遮光蜂巢帘、半遮光蜂巢帘。
日夜帘		指斑马帘，俗称柔纱帘，一幅窗帘由两块不同质料组成，一块透光性能好，一块遮光性能好，可以根据具体的需要换着用。	百叶帘		不仅可调节叶片角度来控制进光量，也能如同窗纱一样兼顾亮度与室内隐私，材质上可分为铝制百叶窗和木制百叶窗。

📄 横向开启帘

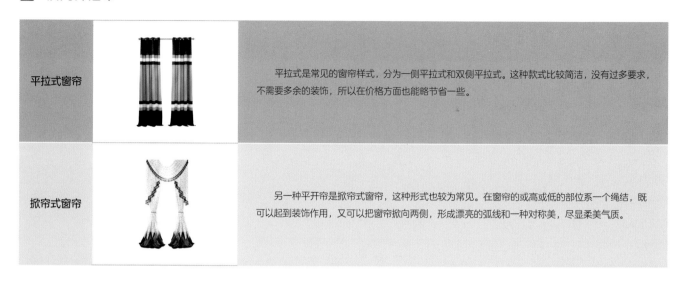

平拉式窗帘		平拉式是常见的窗帘样式,分为一侧平拉式和双侧平拉式。这种款式比较简洁,没有过多要求,不需要多余的装饰,所以在价格方面也能略省一些。
掀帘式窗帘		另一种平开帘是掀帘式窗帘,这种形式也较为常见。在窗帘的或高或低的部位系一个绳结,既可以起到装饰作用,又可以把窗帘掀向两侧,形成漂亮的弧线和一种对称美,尽显柔美气质。

📄 纵向开启帘

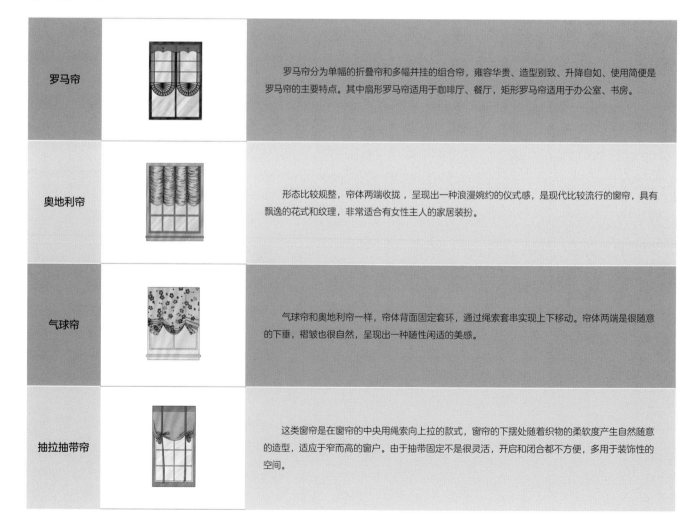

罗马帘		罗马帘分为单幅的折叠帘和多幅并挂的组合帘,雍容华贵、造型别致、升降自如、使用简便是罗马帘的主要特点。其中扇形罗马帘适用于咖啡厅、餐厅,矩形罗马帘适用于办公室、书房。
奥地利帘		形态比较规整,帘体两端收拢,呈现出一种浪漫婉约的仪式感,是现代比较流行的窗帘,具有飘逸的花式和纹理,非常适合有女性主人的家居装扮。
气球帘		气球帘和奥地利帘一样,帘体背面固定套环,通过绳索套串实现上下移动。帘体两端是很随意的下垂,褶皱也很自然,呈现出一种随性闲适的美感。
抽拉抽带帘		这类窗帘是在窗帘的中央用绳索向上拉的款式,窗帘的下摆处随着织物的柔软度产生自然随意的造型,适应于窄而高的窗户。由于抽带固定不是很灵活,开启和闭合都不方便,多用于装饰性的空间。

2.3 窗帘用料计算

国内建筑对窗户没有一个既定的标准尺寸要求，因此市面上的窗帘基本上都需要进行定制，事先需要测量窗户以计算窗帘面料的用量。一般说来，窗帘应比窗口的长和宽要大些，帘布多做成带褶的。帘褶的形式有自由式的，也有多种固定式的。不仅窗口规格对用料多少有影响，同样规格不同帘褶形式，用料也不一样。因此对用料要精确计算，不致因购买过多或过少而造成浪费或不足。

以窗框为基准，测量窗框宽度以后，应该加上窗户两侧各 15~20cm 的长度，确保窗隙无漏光。此外，还需要加上窗帘面料褶皱的量，一般简称褶量，2 倍褶量是稍微有点起伏，3 倍褶量是较明显的起伏。以 2m 的窗框宽度、两侧各预留 15cm、3 倍褶量为例，其窗帘基本用料是（15cm×2）+（200cm×3），此外还要加上窗帘分两片两侧卷边收口的量。

国内生产的窗帘面料一般为 280cm 定宽，280cm 一般作为窗户的高度方向，因此，只要窗户的高度不超过 250cm，窗帘的面料用料按量裁剪即可。国外进口的窗帘一般是 145cm 定宽，面料是按照窗户的高度进行裁剪。当窗户宽度较大时，幅宽方向需进行拼接。

窗帘的高度需要根据下摆的位置来决定，如果是窗台上要距离窗台 1.25cm，窗台下则要多出 15~20cm，落地窗帘的下摆在地面上 1~2cm 即可。

如果采用图案大且清晰醒目的布料或带有条纹、格纹的布料做窗帘，在拼接时应注意图案及条纹、格纹的组接，否则也会影响窗帘的美观度。买这种类型的布料时，也应增加拼接图案所需要的尺寸。

△ 长度到地板的落地窗帘

△ 长度到窗台的窗帘

△ 长度到窗户一半的窗帘

2.4 窗帘配色重点

窗帘的颜色和花纹繁多，可根据用户的喜好和性格进行选择。作为家中展现大面积色彩的窗帘，在搭配颜色时要考虑到房间的大小、形状以及方位等，而且必须与整体的装饰风格形成统一。

在搭配窗帘时，如果地面同家具颜色对比度强，可以采用地面颜色为中心进行选择。地面颜色同家具颜色对比度较弱时，可以采用家具颜色为中心进行选择。

如果根据墙面颜色来选用窗帘的颜色，建议选择和墙面相近的颜色，或者选择比墙面颜色深一点的同色系颜色。例如浅咖也是一种常见墙色，可以选比浅咖深一点的浅褐色窗帘。精装房中经常会出现米黄色墙面，用冷色窗帘效果更好。例如深色墙面搭配浅色窗帘、灰色墙面搭配白色窗帘或灰色窗帘，都非常的协调。

深色墙面搭配深色窗帘要尽量少用。如果空间不够高，又没有足够大的窗户采光，尽量不用深色窗帘。对于花纹墙纸来说，如果墙纸上有灰色、蓝色和黄色，选择其中任何一个颜色作为窗帘的颜色，都非常协调。

△ 以地面颜色为中心选择窗帘的色彩

△ 选择比墙面颜色深一点的同色系窗帘，是软装设计中十分常见的搭配手法

△ 以家具颜色为中心选择窗帘的色彩

如果室内色调柔和，并且需要使窗帘更具装饰效果，可采用强烈对比的手法，改变房间的视觉效果。如果房间内已有色彩鲜明的风景画，或其他颜色鲜艳的家具、饰品等，窗帘就最好素雅一点。在所有的中性色系窗帘中，如果确实很难决定，那么灰色窗帘是一个不错的选择，比白色耐脏，比褐色明亮，比米黄色看着高档。

窗帘与抱枕相协调是最安全的搭配方式，不一定要完全一致，只要颜色呼应即可。其他软装布艺的颜色也可参考，例如床品和窗帘颜色一样的话，卧室的配套感会特别强。此外，像台灯这样越小件的物品，越适合作为窗帘选色的来源。

在以单色为主体的软装环境中，选择单色的窗帘与其他单色主体进行对比或互补，能营造出简洁、活跃、利落的空间氛围。例如蓝色加黄色的强烈对比，作为最经典的撞色系列，能为空间带来富有冲击力的视觉体验。

△ 运用色彩对比的手法搭配窗帘，给人以强烈的视觉冲击感

△ 沙发抱枕通常是一个空间中的次色调，利用其作为窗帘的选色来源是一个不错的选择

△ 百搭的灰色窗帘适合多种装饰风格的室内空间

△ 选择与床品色彩相近的窗帘可增加卧室空间的配套感

2.5 窗帘纹样搭配

窗帘纹样主要有两种类型：一种是抽象型，如方、圆、条纹及其他形状；另一种是天然物质形态图案，如动物、植物、山水风光等。由于窗帘的装饰纹样对室内气氛营造具有很大的影响，无论是选择几何抽象形状，还是采用自然景物图案，均应掌握简洁、明快、素雅的原则。可以考虑在空间中找到类似的颜色或纹样作为选择方向，以便与整个空间形成很好的衔接。另外选择时应注意，窗帘纹样不宜过于琐碎，而且要考虑打褶后的效果。

搭配不同的窗帘纹样能给人带来不同的视觉感受。清新自然的花卉纹样给人以乡村田园之感；色彩明快艳丽的几何图形给人以简洁现代之感；经典优雅的格纹给人复古英伦的浪漫之感。

此外，在选择窗帘纹样时，还应考虑室内空间的面积大小。小纹样文雅安静，能扩大空间感；大纹样则比较醒目活泼，能使空间收缩。所以小房间的窗帘纹样不宜过大，选择简洁的纹样为好，以免空间因为窗帘的繁杂而显得更为窄小。若房间偏高大，选择横向纹样效果更佳。

△ 几何抽象纹样的窗帘

△ 自然景物纹样的窗帘

△ 窗帘纹样与卧室其他布艺的纹样相同，可以营造和谐一体的同化感

△ 窗帘色彩与空间其他布艺相同，但纹样差异化，在协调的同时可以更好地突出空间丰富的层次感

地毯配色与纹样类型

3.1 地毯配色重点

很多地毯通常有两种重要的颜色，称为边色和地色。边色就是手工地毯四周毯边的主色，地色就是毯边以内的背景色。在这两种颜色中，地色占了毯面的绝大部分，也是软装设计搭配时应该首要考虑的颜色。软装搭配时可以将居室中的几种主要颜色作为地毯的色彩构成要素，这样选择既简单又准确。在保证色彩的统一谐调性之后，再确定图案和样式。

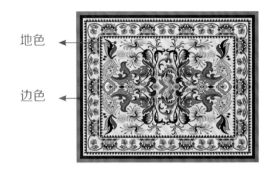

地色

边色

📄 不同色彩地毯的搭配方式

纯色地毯		纯色地毯能带来一种素净淡雅的效果，通常适用于现代简约风格的空间。相对而言，卧室更适合纯色的地毯，因为睡眠需要相对安宁的环境，凌乱或热烈色彩的地毯容易使心情激动振奋，从而影响睡眠质量。
拼色地毯		如果是拼色地毯，主色调最好与某种大型家具相协调，或是与其色调相对应，比如红色和橘色，灰色和粉色等，和谐又不失雅致。
撞色地毯		在沙发颜色较为素雅的时候，运用撞色搭配总会有让人惊艳的效果。例如黑与白一直都是很经典的拼色搭配，黑白撞色地毯经常用在现代都市风格的空间中。

地毯可以和窗帘进行颜色上的呼应，尽量不用同一种花纹。因为地毯和窗帘的面积都非常大，如果这两个大体量区域用的是同一种花纹，那整个空间就充满一种花纹，非常夸张，所以要尽量避免这种情况出现。如果两者花纹一定要一样，那么地毯的面积要选小一点。

在光线较暗的空间里选用浅色的地毯能使环境变得明亮，例如纯白色的长绒地毯与同色的沙发、茶几、台灯搭配，就会呈现出一种干净纯粹的氛围。即使家具颜色比较丰富，也可以选择白色地毯来平衡色彩。在光线充足、环境色偏浅的空间里选择深色的地毯，能使轻盈的空间变得厚重。例如面积不大的房间经常会选择浅色地板，正好搭配颜色深一点的地毯，会让整体风格显得更加沉稳。

△ 地毯的色彩与墙面、单椅以及窗帘等室内主体色相协调

◆ 地面与主体家具的颜色都比较浅

这样很容易出现空间失去重心的状况，不妨选择一块颜色较深的地毯来充当整个空间的重心。

△ 地面与家具的颜色较浅，可选择一块深色地毯增加空间的稳定感

◆ 地面与家具的色彩有着明显的反差

通过一张色彩明度介于两者之间的地毯，就能让视觉得到一种更为平稳的过渡。

△ 如果家具与地面色彩反差较大，地毯的作用是让两者之间在视觉上形成平稳的过渡

◆ 地面与家具的颜色过于接近

在视觉上容易将颜色过于接近的地面与家具混为一体，这时候需要一张色彩与这二者有明显反差的地毯，从视觉上将它们一分为二，地毯的色彩与这二者的反差越大效果越好。

△ 如果家具与地面的颜色过于接近，需要选择一张色彩与两者形成明显反差的地毯

3.2 常见地毯纹样类型

在室内铺设地毯时，可以选择一两个与地毯纹样类似的软装饰品，这样就能最大限度地保证空间风格和谐。如果空间里有比较复杂图案的装饰，比如窗帘、椅面和软装饰品等，再选择纹样复杂的地毯会显得空间过于张扬凌乱，此时可以退而求其次，选择搭配尺寸较小的地毯。

手工地毯的纹样风格虽然复杂，但非常经典。如果家里铺了手工地毯，那么在其他软装饰物上，都可以用比较经典的纹样，比如斑马纹、格子纹、佩斯利纹样等。

📄 地毯纹样类型

条纹地毯		简单大气的条纹地毯几乎成为各种家居风格的百搭地毯，只要在地毯配色上稍加留意，就能基本适合各种风格的客厅。
格纹地毯		软装配饰纹样繁多的场景里，一张规矩的格纹地毯能让热闹的空间迅速冷静下来而又不显突兀。
几何纹样地毯		几何纹样的地毯简约不失设计感，不管是混搭还是搭配北欧风格的家居都很合适。有些几何纹样的地毯立体感极强，适合应用于光线较强的房间内。
动物纹样地毯		时尚界经常会采用豹纹、虎纹为设计要素。这种动物纹理天然带着一种野性的韵味，这样的地毯让空间瞬间充满个性。
植物花卉纹样地毯		植物花卉纹样是地毯纹样中较为常见的一种，能给大空间带来丰富饱满的效果，在欧式风格家居中，多选用此类地毯以营造典雅华贵的空间氛围。
花纹地毯		精致的小花纹地毯细腻柔美；繁复的暗色花纹地毯十分契合古典气质。地毯上的花纹一般是根据欧式、美式等家具上的雕花印制而成的图案，散发着高贵典雅的气息。

抱枕搭配法则

4.1 抱枕配色重点

抱枕在软装设计中扮演着重要的角色，为不同风格的家居空间搭配不同颜色的抱枕，能营造出不一样的空间美感。

在总体配色为冷色调的家居环境中，可以适当搭配色彩艳丽的抱枕作为点缀，能够制造出夺目的视觉焦点。而像紫色、棕色、深蓝色的抱枕带有浓郁宫廷感，厚重而典雅，并且透着浓厚的怀旧气息，因此比较适合运用在古典中式以及古典欧式的家居空间中。

若是对于抱枕的颜色搭配没有信心，可以尝试使用中性色的抱枕装饰家居。比如搭配一些带有纹理的白色、米色、咖啡色的抱枕，就能使沙发显得清新且不单调，并且能营造温暖的空间氛围。此外，在以中性色为主的抱枕中间，搭配一个色彩比较显眼的抱枕来抓住视觉，可让抱枕的整体色彩搭配显得更有层次。

△ 根据墙面色彩搭配抱枕

△ 在以中性色为主的抱枕中间，搭配一个色彩比较显眼的抱枕

△ 棕色抱枕经常出现在中式风格的空间中

◆ 色彩主线法

想要选好抱枕的颜色，应该先了解家居空间中的主体色彩是什么。家中如果搭配了较多的花卉植物，那么抱枕的色彩或者图案也可以花哨一点。如果是简约风格的家居空间，则可以选择搭配条纹图案的抱枕，条纹图案能够很好地体现出简约风格家居简约而不简单的空间特点。此外，如果房间中的灯具很华丽精致，那么可以按灯具的颜色选择抱枕，起到承上启下的呼应作用。

△ 具有文艺气息的抱枕纹样

◆ 色彩平衡法

抱枕不仅有纯色的，还有带各种图案、纹理、刺绣的抱枕。因此，在搭配颜色的时候，要把握好尺度，并且控制好抱枕与家居色彩的平衡。当空间的整体色彩比较丰富时，抱枕的色彩最好采用同一色系且淡雅的颜色，以压制住整个空间的色彩，避免家居环境显得杂乱。如果室内的色调比较单一，则可在抱枕上使用一些色彩强烈的对比色，不仅能起到活跃气氛的作用，而且还可以让空间的视觉层次显得更加丰富。

△ 色调单一的空间中适合搭配高纯度色彩的沙发抱枕进行点缀

◆ 纹样突显法

抱枕的纹样是家居空间的个性展示，在使用时要注意合理恰当。图案夸张、个性的抱枕少量点缀即可，以免在空间里制造出凌乱的感觉。假如整体设计比较简约，建议为抱枕搭配纯色或者简洁的纹样。如果整体设计个性张扬，则可以选择具有夸张纹样或者拼贴纹样的抱枕。如果喜欢文艺，可以搭配一些灵感来自于艺术绘画的抱枕纹样。

△ 纹样夸张的抱枕彰显居住者的个性

4.2 抱枕摆设方案

　　抱枕的搭配其实是有技巧的，比如客厅空间的沙发上，适合搭配 50cm×50cm 或者 55cm×55cm 的抱枕，这个大小的抱枕既不会占据沙发太多的空间，同时使用起来舒适度也较高，而且还可以起到点缀空间的作用。还可以在沙发的中部位置摆放 12cm×20cm 的小抱枕，从实用角度来说，将大尺寸抱枕放在沙发两侧边角处，可以解决沙发两侧坐感欠佳的问题，而将小抱枕放在中间，则可以最大限度地减少沙发空间的占用。

📄 四类抱枕摆设形式

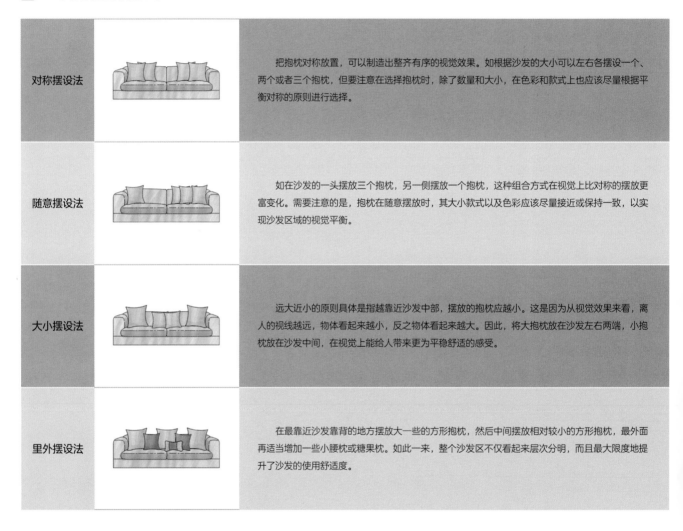

对称摆设法		把抱枕对称放置，可以制造出整齐有序的视觉效果。如根据沙发的大小可以左右各摆设一个、两个或者三个抱枕，但要注意在选择抱枕时，除了数量和大小，在色彩和款式上也应该尽量根据平衡对称的原则进行选择。
随意摆设法		如在沙发的一头摆放三个抱枕，另一侧摆放一个抱枕，这种组合方式在视觉上比对称的摆放更富变化。需要注意的是，抱枕在随意摆放时，其大小款式以及色彩应该尽量接近或保持一致，以实现沙发区域的视觉平衡。
大小摆设法		远大近小的原则具体是指越靠近沙发中部，摆放的抱枕应越小。这是因为从视觉效果来看，离人的视线越远，物体看起来越小，反之物体看起来越大。因此，将大抱枕放在沙发左右两端，小抱枕放在沙发中间，在视觉上能给人带来更为平稳舒适的感受。
里外摆设法		在最靠近沙发靠背的地方摆放大一些的方形抱枕，然后中间摆放相对较小的方形抱枕，最外面再适当增加一些小腰枕或糖果枕。如此一来，整个沙发区不仅看起来层次分明，而且最大限度地提升了沙发的使用舒适度。

　　一般不建议沙发上放太多抱枕，以免影响沙发的正常使用。如果想要尝试在沙发上堆放多个抱枕，则应进行合理的搭配设计，以带来最为舒适实用的效果。需要注意的是，抱枕应尽量根据款式、色彩、花纹等因素，进行组合搭配，这样才能让沙发区域的装饰显得更富有品质。

6

FURNISHING
DESIGN
软 装 全 案 教 程

第 六 章

软装全案风格
特征与设计要素

轻奢风格

1.1 轻奢风格的起源与发展

发生在14世纪之后的"文艺复兴",对于西方文化史有着非同寻常的影响。其倡导的人文主义,在文化、艺术、科学、政治等方面对后世产生深远的影响,同时也成就轻奢风格。法国曾有几任国王、王后对于衣服和饰品有着极高的要求。比如路易十四每天要花大量的时间让人整理自己的发型、胡须、衣着,同时对于要求会见的客人均要求按礼仪穿戴,这也加剧了轻奢时尚的概念普及,并为轻奢风格家居设计提供了发展的土壤。

轻奢风格的诞生主要来自于奢侈品发展的下沿,重点仍然在于"奢"。现代社会的快速发展,使人们在有了一定的物质条件后,开始追求更高的生活品质。这也促成了现代家居装饰中品位和高贵并存的设计理念。轻奢,顾名思义即轻度的奢华,但又不是浮夸,而是一种精致的生活态度,将这份精致融入生活正是对于轻奢风格最好的表达。此外,轻奢风格以极致简约风格为基础,摒弃一些如欧式、法式等风格的复杂元素,再通过时尚的设计理念,表达了现代人对于高品质生活的追求。

△ 金属材质与丝绒家具是轻奢风格空间最为常见的装饰元素

△ 轻奢风格表现出一种精致感,更多的是代表对高品质生活的追求

△ 轻奢风格的气质往往通过软装细节进行呈现

I.2 轻奢风格设计类型

1. 中式轻奢风格

中式轻奢风格是将传统文化与现代审美相结合，在提炼经典中式元素的同时，又对其进行了优化和丰富，从而打造出更符合现代人审美的室内空间。

中式轻奢风格在选材上通常会大胆地加入一些现代材料，如金属、玻璃、皮质、大理石等，让空间在保留古典美学的基础上，又完美地进行了现代时尚的演绎，使空间质感变得更加丰富。中式轻奢风格的空间配色，在黑、白、灰的基础上还会辅以红、黄、蓝、绿等亮色作为局部点缀，明快而富有个性，风雅韵味呼之欲出。

△ 现代造型家具结合陶瓷花器以及中式水墨画的搭配

△ 现代质感的金属花器与中式花艺的巧妙结合

2. 美式轻奢风格

美式轻奢风格的室内设计就如同美国独立精神一般，讲究如何通过生活经历去累积自己对艺术的感悟及对品位的表达，从中摸索出独特的美学理念。这种设计美学也正好迎合了现代人对生活方式的追求，即有文化感、奢华感，还不缺乏自由与情调。

美式轻奢风格的家具设计摒弃了传统美式风格中厚重、怀旧、贵气的特点，有着线条简洁、质感强烈的特色。虽然家具造型不复杂，空间色调却极为温暖，常选用米色系作为主色，并搭配白色的墙裙让空间显得更有层次感。

△ 造型简洁且极具美式个性的软装饰品

△ 经过简化处理和材料创新的壁炉设计

3. 现代轻奢风格

现代轻奢风格是一种极致精美的室内装饰风格，它摒弃了传统意义上的奢华与繁复，在继承传统经典的同时，还融入了现代时尚的元素，让室内空间显得更富有活力。现代轻奢风格在空间布局手法上追求简洁，常以流畅的线条来灵活区分各功能空间，表达出精致却不张扬，简单却不随意的生活理念。

现代轻奢风格在装饰材料的选择上，从传统材料扩大到了玻璃、塑料、金属、涂料以及合成材料等，并且非常注重环保与材质之间的和谐与互补，呈现出传统与时尚相结合的空间氛围。

△ 大理石与玻璃材质的搭配应用

△ 金属、玻璃以及瓷器材质为主的现代工艺品

4. 法式轻奢风格

法式轻奢风格在整体设计上，摒弃了传统法式风格所注重的繁复花纹与华丽的装饰，以简约淡雅、低调的设计手法来打造现代的法式轻奢品质。在色彩运用上，通常会运用大面积的淡色作为主色调，并加以局部亮色作为装饰点缀。整个法式轻奢风格的室内空间，既能给人以和谐统一的感觉，在视觉上也会显得更有层次感。

在空间造型方面，法式轻奢风格没有延续传统法式风格中的曲线设计，而更多运用几何造型与简洁的直线条，因此整体空间显得富有现代感以及轻奢感。

△ 造型上经过简化处理的法式家具

△ 法式轻奢风格中多见几何造型与简洁的直线条

1.3 轻奢风格配色重点

　　轻奢风格的色彩搭配给人的感觉充满了低调的品质感。中性色搭配方案具有时尚、简洁的特点，因此被较为广泛地应用于轻奢风格的家居空间中。选用如象牙白、金属色、高级灰等带有高级感的中性色，能令轻奢风格的空间质感更为饱满。

轻奢风格常见配色速查表

金属色		轻奢风格的室内空间常常会大量地使用金属色，以营造奢华感。金属色是极容易被辨识的颜色，非常具有张力，便于打造出高级质感，无论是接近于背景还是跳脱于背景都不会被淹没。
象牙白		象牙白相对于单纯的白色来说，会略带一点黄色。虽然不是很亮丽，但搭配得当，往往能呈现出强烈的品质感。其温暖的色泽能够体现出轻奢风格，彰显高雅的品质空间。
高级灰		高级灰是介于黑和白之间的一系列颜色，比白色深些，比黑色浅些，大致可分为深灰色和浅灰色。不同层次、不同色温的灰色，能让轻奢风格的空间显得低调、内敛并富有品质感，同时让空间层次更加丰富。
爱马仕橙		爱马仕橙没有红色的浓烈艳丽，但又比黄色多了一丝明快与热情，在众多色彩中显得耀眼却不令人反感，而且其自带高贵的气质，与轻奢风格的装饰内涵不谋而合。
蓝色		冷色系的轻奢空间可以在室内点缀跳跃的颜色，以起到营造视觉焦点的作用。如宝石蓝色十分亮丽，可以使整个空间变得生动。这些跳跃性的色彩，可以通过小家具、花艺、装饰画、饰品等配饰来完成。

1.4 轻奢风格软装元素

家具		轻奢风格家具既带有欧式家具的优雅，也有着简约家具的气质。在家具线条上通常较为简约，一般都为直线，不带太多曲线，造型简洁，强调功能，富含设计感。在材质方面，以板式家具居多，再搭配一些绒布、皮革、金属等材料。
灯具		轻奢风格的灯具在线条上一般以简洁大方为主，装饰功能要远远大于实用功能。许多利用新材料、新技术制造而成的艺术造型灯具，让室内的光与影变幻无穷。其中表面经过电镀处理的金色金属灯具是轻奢风格空间中必不可少的装饰元素。
窗帘		轻奢风格的空间可以选择冷色调的窗帘来迎合其表达的高冷气质，色彩对比不宜强烈，多用类似色来表达低调的美感，然后再从质感上来中和冷色带来的距离感。可以选择丝绒、丝绵等细腻、亮泽的面料。
床品		轻奢风格的床品常用低纯度、高明度的色彩作为基础，比如暖灰、浅驼等颜色，靠枕、抱枕等不宜搭配色彩对比过于强烈。在面料上，压绉、衍缝、白织提花面料都是非常好的选择。
地毯		轻奢风格空间的地毯既可以选择简洁流畅的图案或线条，如波浪、圆形等抽象图形，也可以选择单色。各种样式的几何元素地毯可为轻奢空间增添极大的趣味性，但图案不宜过于复杂。

抱枕	 　　轻奢风格更多的是从材质的差异化来体现空间的层次感和品质感，皮质沙发可以搭配一些皮草、丝绒等面料的抱枕，丝绒面料的沙发可以选择一些皮质或金属质感的抱枕进行搭配。
摆件	 　　轻奢空间所搭配的摆件往往会呈现出强烈的装饰性，如采用金属、水晶以及其他新材料制造的工艺品、纪念品与家具表面的丝绒、皮革一起营造出华丽典雅的空间氛围。
壁饰	 　　金属是工业化社会的产物，同时也是体现轻奢风格特色最有力的手段之一。一些金色的金属壁饰搭配同色调的软装元素，可以营造出气质独特的轻奢氛围。
装饰画	 　　轻奢空间的装饰画一般会选用建筑物、动物、植物，以及设计的海报、英文诗歌等内容为主题，使用摄影、油画、插画等表现手法，将高品质的艺术味道展现出来，色彩上也是以淡雅为主。
花艺	 　　由于轻奢风格的花艺作品自由、抽象的外形，与之配合的花器一般造型奇特，有时也会呈现为简单的几何感，并且花器的选材广泛，如金属、瓷器、玻璃、亚克力等材质都较为常见。

北欧风格

2.1 北欧风格的起源与发展

20 世纪 50 年代北欧风格设计发源于北欧的芬兰、挪威、瑞典、冰岛和丹麦。这些国家靠近北极寒冷地带，原生态的自然资源相当丰富。联想这些国家的记忆符号，立刻想到冰天雪地，还有北极熊，以及原生态的森林。

由于北欧地处北温带向北寒带交界处，大部分地方终年气温较低。冬季漫长而严寒；夏季短暂而温暖。北欧人长期生活在室内，造就了他们丰富且熟练的各种民族传统工艺。简单实用，就地取材，大量使用原木与动物的皮毛，形成了最初的北欧风格符号特点。在这个漫长的演化过程中，北欧人与现代工业化生产并没有形成对立，相反采取了包容的态度，很好地保持了北欧制造的特性和人文特点。

随着现代工业化的发展，北欧风格还是保留了最初的特点——自然、简单、清新，其中自然系的北欧风仍延续到今天。不过，北欧风最初的简洁还在不断发展，现如今的北欧风不再局限于当初的就地取材，工业化的金属以及新材料都被应用到北欧风格中。

北欧风格的家居设计源于日常生活，因此，在空间结构以及家具造型的设计上

△ 大面积运用源于自然的原木材料

△ 尖顶与原木装饰梁是北欧风格空间常见的建筑特征

都以实用功能为基础。大面积运用白色、线条简单的家具以及通透简洁的空间结构设计，都是为了满足北欧家居对于采光的需求。除了实用功能外，北欧风格还善于利用材料自身的特点，展现出简约的设计美感以及以人为本的设计理念，摒弃了过于刻板的几何造型和过于浮华的无用装饰。

△ 北欧家居强调室内通透，最大限度引入自然光

2.2 北欧风格设计类型

1. 北欧现代风格

是指传统北欧风格的实用主义和现代美学设计完美结合的家居设计风格。在色彩上常以白色作为基础色，搭配浅木色以及高明度和高纯度的色彩加以点缀，让家居空间显得简朴而现代。家具在形式上以圆润的曲线和波浪线代替了棱角分明的几何造型，呈现出更为强烈的亲和力。

2. 北欧工业风格

这类风格以其独特的装饰魅力，成为近年来家居设计的风潮。陈旧的主题结构以及各种粗犷的空间设计是这种风格最为常见的表现手法。随处可见的裸露管线、不加以修饰的墙壁，以及各种各样的金属家具。除了材质的搭配外，还可以运用艺术手法来打造北欧工业风格的装饰细节，比如北欧工业风格的墙面大多会保留原有建筑材质的容貌，因此还可在裸露的砖墙上绘以大胆的几何图形、壁画、抽象绘画等。

3. 北欧乡村风格

是一种以回归自然为主题的室内装饰风格，此风格的最大特点就是朴实、亲切、自然。利用

△ 北欧现代风格

△ 北欧工业风格

△ 北欧乡村风格

一定程度的乡间艺术特色，呈现出原生态的乡村风情。在材质的运用上，可常见源于自然的原木、石材以及棉麻等，并且重视传统手工的运用，尽量保持材料本身的自然肌理和色泽。

2.3 北欧风格配色重点

北欧五国地处北极圈附近，"极昼""极夜"交替出现，一般极昼时间在 5 月末到 7 月末，极夜在 12 月初到 1 月下旬。极夜阶段是漫长的黑夜，北欧风格经常会在家居空间中使用大面积的纯色，以提升家居环境的亮度。在色相的选择上偏向如白色、米色、浅木色等淡色基调，给人以干净明朗的感觉。

📄 北欧风格常见配色速查表

浅色系		北欧风格空间中的浅色系运用包括白色、灰色、原木色等，不仅干净明快而且还能起到舒缓心情的作用，体现了北欧风格家居朴素简约的生活理念。
原木色		由于连续大面积运用原木色很难把握，因此一般作为点缀色使用，如原木家具、木地板以及木质软装饰品等。原木本身所具有的清香，为北欧风格的家居空间营造出温润舒适的氛围。
黑白色		北欧地区的日照时间较短，因此阳光非常宝贵，纯白色调能够最大程度地反射光线，将有限的光源充分利用起来，形成美轮美奂的北欧装饰风格。黑色是常用的辅助色，常见于软装的搭配上。
灰色系		在北欧风格的家居空间里，以不同层次的灰色为主色调，再搭配简单朴素的软装饰品，打破单一性的同时，也丰富了空间的层次，增添了质感。
局部高纯度色彩		在局部运用高纯度色彩作为点缀色，也是北欧风格家居常见的一种色彩搭配方案。例如在以浅色为背景墙的客厅空间，可以选用色彩鲜艳的家具或饰品进行搭配，以增加空间的层次感和亮度。

2.4 北欧风格软装元素

📄 北欧风格软装元素速查表

家具		北欧家具以低矮为主，多数不使用雕花和人工纹饰。使用原木是北欧风格家具的灵魂，北欧人习惯就地取材，常选用桦木、枫木、橡木、松木等木料，将原木自然的纹理、色泽和质感完全融入家具中，并且不会选用颜色太深的色调，以浅淡、干净的色彩为主。
灯具		北欧风格清新而强调材质原味，适合造型简单且具有混搭味的灯具，例如白、灰、黑等原木材质的灯具。较浅色的北欧风空间中，如果出现玻璃及铁艺材质，就可以考虑挑选有类似质感的灯具。
窗帘		北欧风格以清新明亮为特色，白色、灰色系的窗帘是百搭款，只要搭配得宜，窗帘上出现大块的高纯度鲜艳色彩也是北欧风格中特别适用的。北欧风格的窗帘适合使用自然柔软的棉麻类天然材质，可以营造天然原始的感觉。
床品		北欧风的卧室中常常采用单一色彩的床品，多以白色、灰色等色彩来搭配空间中大量的白墙和木色家具，形成很好的融合感。如果觉得单色的床品比较单调乏味，可以挑选暗藏简单几何纹样的淡色面料来做搭配。
地毯		北欧风格的地毯有很多选择，一些简单图案和线条感强的地毯可以起到不错的装饰效果。黑、白两色的搭配是最常用的，同时也是选择北欧风格的地毯经常会使用到的颜色。

抱枕		经典的北欧风格抱枕图案包括黑白格子、条纹、几何图案的组合、花卉、树叶、鸟类、人物、粗十字、英文字母标志（logo）等，材质从棉麻、针织到丝绒不等，不同图案、不同颜色、不同材质的混搭效果更好。
摆件		北欧风格多以植物盆栽、相框、蜡烛、玻璃瓶、线条清爽的雕塑进行装饰。此外，围绕蜡烛而设计的各种烛灯、烛杯、烛盘、烛托和烛台也是北欧风格的一大特色。
壁饰		麋鹿头一直都是北欧风格的经典代表，凡是有北欧风格的空间中，大多都会有这么一个麋鹿头造型的饰品作为壁饰。此外，墙面挂盘也能表现北欧风格崇尚简洁、自然、人性化的特点，可以选择白底搭配海蓝鱼元素；也可选择麋鹿图样的组合挂盘。
装饰画		以简约著称的北欧风，既有回归自然崇尚原木的韵味，也有与时俱进的时尚艺术感，装饰画的选择也应符合这个原则，最常见的是充满现代抽象感的画作，内容可以是字母、马头形状或者人像，再配以简而细的画框。
花艺		北欧风格的植物更加的蓬勃扎实，形态接近几何形，低饱和度色彩的花束以及绿植都是完美的组合，与明亮干净的室内设计产生对比的效果。

工业风格

3.1 工业风格的起源与发展

工业风格起源于 19 世纪末的欧洲，在工业革命爆发之后，以工业化大批量生产为条件发展起来的。最早艺术家将废旧的工业厂房或仓库改建成兼具居住功能的工作室，这种宽敞开放的 LOFT 房子的内部装修保留了原有工厂的部分风貌。随着时代发展，这类有着复古和颓废艺术范的格调成为工业风格，散发着硬朗的旧工业气息。

工业风格产生时也就是巴黎地标——埃菲尔铁塔被造出来的年代。很多早期工业风格家具，正是以埃菲尔铁塔为变体。它们的共同特征是金属集合物，还有焊接点、铆钉这些暴露在外的结构组件；后期的设计又融进了更多装饰性的曲线。

过去的工业风格大多数出现在废弃的旧仓库或车间内，改造之后脱胎换骨，成为一个充满现代设计感的空间，也有的保留在旧公寓的顶层阁楼内，发展至今，工业风格可以出现在都市的任何一个角落。

△ 保留材质的原始质感是工业风格空间的最大特征

△ 工业风格具有代表性的家具之一——Tolix 椅

△ 工业风空间的格局以开放性为主，尽量保持一种宽敞的空间感

3.2 工业风格设计类型

1. 极简工业风格

极简工业风和极简主义一样，在保留房屋原本结构的基础上，设计时都追求与展现原始的本质和简洁的装饰，形式上倾向于简单几何造型或是流畅线条，主张省去繁复的装饰，让家显得更加自由而不复杂，如今也受到了很多人的追捧。

2. 复古工业风格

这类有着复古和颓废艺术范的风格散发着硬朗的旧工业气息，在设计中会出现大量的工业材料，如金属构件、水泥墙或地、做旧的木材、皮质元素等。格局以开放性为主，通常拆除室内所有隔墙，尽量保持或扩大厂房宽敞的空间感。

△ 极简工业风格

△ 复古工业风格

3.3 工业风格配色重点

工业风格给人的印象显得冷峻、硬朗而又充满个性，因此工业风格在室内设计中一般不选择色彩感过于强烈的颜色，尽量选择中性色或冷色调为主调，如原木色、灰色、棕色等。最原始、最单纯的黑、白、灰三色，在视觉上带给人简约又神秘的感受，能让复古的风格表现得更加强烈。另外，裸露的红砖也是工业风常见元素之一，如果担心空间过于冰冷，可以考虑将红砖墙面列入色彩设计的一部分。

📄 工业风格常见配色速查表

黑、白、灰色系		黑色的冷酷和神秘，白色的优雅和轻盈，两者混搭交错又可以创造出更多层次的变化。此外，黑、白、灰更容易搭配其他色系，例如深蓝、棕色等沉稳中性色，也可以是橘红、明黄等清新暖色系。
裸砖墙+白色		裸砖墙所营造的工业又时尚的空间氛围，总能一跃成为房间的亮点，吸引所有注视的目光。而裸砖墙与白色是最经典的固定搭配，粗犷自然的纹理和简约白色形成互补效果。
原木色+灰色		工业风格给人的印象是冷峻、硬朗以及充满个性，原木色、灰色等低调的颜色更能突显工业风格的魅力所在。相比白色的鲜明，黑色的硬朗，灰色则更内敛。
局部亮色点缀		工业风格的墙面常选择灰色、白色，地面以灰色、深色木地板居多，水泥自流平地面也十分普遍。由于原材料多为灰色调，需要加入艳丽色彩进行视觉的冲击，可选择红、黄、蓝等高纯度的颜色。

3.4 工业风格软装元素

📄 工业风格软装元素速查表

家具		工业风的空间对家具的包容度很高，可以直接选择金属、皮质、铆钉等工业风家具，或者现代简约的家具也可以。例如选择皮质沙发，搭配海军风的木箱子、航海风的橱柜、Tolix 椅子等。工业风格空间中，常见金属骨架与原木结合的柜体，一格格抽屉，有一种中式药材柜的感觉。
灯具		工业风格的空间除了金属机械灯之外，也会选择同为金属材质的探照灯，独特的三脚架造型好像电影放映机，营造十足的工业感。带有鲜明色彩灯罩的机械感灯具，在美化空间的同时，还能平衡工业风格冷调的氛围。此外，黑色金属台扇、落地扇或者吊扇等也经常应用于工业风格空间。
窗帘		工业风格的窗帘一般选用暗灰色或其他纯度低的颜色，与工业风黑、白、灰的基调更加协调，有时也经常会用到色彩比较鲜明或者是设计感比较强的艺术窗帘。窗帘布艺的材质一般采用肌理感较强的棉布或麻布，这样更能够突出工业风格空间粗犷、自然、朴实的特点。
床品		对比机械元素的复杂效果，工业风格的床品布艺则显得精简许多。床品大都选择与周围环境相呼应的中性色调，偶尔加入一些质地独特的布艺，可以起到提亮空间的作用。比如与金属元素质感相差极大的长毛地毯，可以柔和卧室中的冷硬线条。
地毯		地毯的应用在工业风格的空间当中并不多见，大多应用于床前或沙发区域，地毯的选择必须要融入整体的风格，粗糙的棉质或者亚麻编织地毯能更好地突出粗犷与随性的格调，未经修饰的皮毛地毯也是一个很好的选择。

抱枕		工业风追求的是一种斑驳而又简单的美，抱枕多选用棉布材质，表面呈现做旧、磨损和褪色的效果，通常印有黑色、蓝色或者红色的图案或文字，大多数看起来像是货物包装麻袋的感觉，复古气息扑面而来。
摆件		工业风格的室内空间无须陈设各种奢华的摆件，越贴近自然和结构原始的状态越能展现该风格的特点。常见的摆件包括旧电风扇、旧电话机或旧收音机、木质或铁皮制作的相框、放在托盘内的酒杯和酒壶、玻璃烛杯、老式汽车或者双翼飞机模型。
壁饰		工业风格更关注材料的本来面貌，墙面特别适合以金属水管为结构制成的挂件，把原生态的美感表现出来，是工业风装饰所突出的主题。此外，超大尺寸的做旧铁艺挂钟、带金属边框的挂镜或者将一些类似旧机器零件的黑色齿轮挂在沙发墙上，也能感受到浓郁的工业气息。
装饰画		在工业风格空间的砖墙上搭配几幅装饰画，沉闷冰冷的室内气氛就会显得生动活泼起来，也会增加几分温暖的感觉。挂画题材可以是具有强烈视觉冲击力的大幅油画、广告画或者地图，也可以是手绘画或者是艺术感较强的黑白摄影作品。
花艺		工业风格经常利用化学试验器皿、化学试管、陶瓷或者玻璃瓶等作为花器。绿植类型上偏爱宽叶植物，树形通常比较高大，与之搭配的是金属材质的圆形或长方柱形的花器。

简约风格

4.1 简约风格的起源与发展

简约主义源于 20 世纪初期的西方现代主义，是由 20 世纪 80 年代中期对复古风潮的叛逆和极简美学的基础上发展起来的。20 世纪 90 年代初期，开始融入室内设计领域，以简洁的表现形式来满足人们对空间环境那种感性的、本能的和理性的需求，这就是现代简约风格。现代简约风格真正作为一种主流设计风格被搬上世界设计的舞台，实际上是在 20 世纪 80 年代。它兴起于瑞典。当时，人们渐渐渴望在视觉冲击中，寻求宁静和秩序，所以简约风格无论是在形式上还是精神上，都迎合了在这个背景下所产生的新的美学价值观。欧洲现代主义建筑大师密斯·凡德罗（Mies Vander Rohe，1886-1969）的名言"少即是多（Less is more）"，被认为是代表着简约主义的核心思想。

现代简约风格延续了现代风格追求简洁、强调功能的特点。由法国建筑师保罗·安德鲁（Paul Andreu，1938-2018）设计的国家大剧院、以中国香港设计师梁志天为代表的室内设计作品对于简约风格设计起到了积极推动作用。两者的共同点都是以完美的功能使用和简洁的空间形态来体现自己对简约风格的理解。

现代简约风格的特点是将设计的元素、色彩、照明、原材料都简化到最低的程度，但对色彩、材料的质感要求很高。在当今的室内装饰中，现代简约风格是非常受欢迎的。简约的线条、着重功能的设计最能符合现代人的生活。简约风格

△ 家居空间呈现出简洁利落的线条感是现代简约风格的主要特征之一

并不是在家中简简单单的摆放家具，而是通过材质、线条、光影的变化呈现出空间质感。

△ 直线条的家具体现现代简约的特点

△ 现代简约风格的设计重点是舍弃不必要的装饰元素，注重对细节的把握

简约风格设计类型

1. 现代极简风格

　　不管是硬装造型还是后期进场的家具，都是以极简线条和造型为主，在保证使用功能的前提下，基本不会有多余的设计，给人简洁利落的印象。在极简风格的软装中，产品的品质和细节设计更加容易显现出来，因此对设计来说其实是更具挑战。

△　现代极简风格

2. 日式简约风格

　　日式风格崇尚简约、自然、秉承人体工程学的特点，较多使用自然质感的材料，追求一种淡泊宁静，清新脱俗的生活。现代人所提及的日式简约风，从始于日本的品牌无印良品（MUJI）的产品及店铺设计中得以展现——设计简洁、高冷文艺。

△　日式简约风格

4.3 简约风格配色重点

　　通过色彩的高度凝练和造型的极度简洁表现手法，用最简单的配色描绘出丰富的空间效果，这就是简约风格的最高境界。在很多人的心目中，觉得只有白色才能代表简约，其实不然，原木色、黄色、绿色、灰色甚至黑色都可以运用到简约风格家居设计中，例如白色和原木色的搭配在简约风格中是天作之合，木头是天然的颜色，和白色不会有任何冲突。

📄 简约风格常见配色速查表

黑与白

　　黑色和白色在简约风格中常常被当作主色调。黑色单纯而简练，节奏明确，是家居设计中永恒的配色。白色让人感觉清新和安宁，属于膨胀色，可以让狭小的房间看上去更为宽敞明亮。

高级灰

　　在极简主义的空间中，高级灰是必不可少的存在。相对于其他颜色来说，高级灰有着与众不同的属性和格调。它没有白色那么的纯粹，也没有黑色那么的肃穆，它是黑、白之间最好的过渡色，将其与任何颜色搭配在一起，都能够碰撞出惊艳的视觉效果。

中性色

　　中性色搭配融合了众多色彩，从乳白色和白色这种浅色中性色，到巧克力色和炭色等深色色调，其中黑、白、灰是常用到的三大中性色。简约风格中的中性色是多种色彩的组合，而非使用一种中性色，需要通过深浅色的对比营造出空间的层次感。

4.4 简约风格软装元素

简约风格软装元素速查表

家具		现代简约风格的家具线条简洁流畅，无论是造型简洁的椅子，或是强调舒适感的沙发，其功能性与装饰性都能实现恰到好处的结合。一些多功能家具通过简单的推移、翻转、折叠、旋转，就能完成家具不同功能之间的转化。
灯具		简约风格灯具除了简约的造型，更加讲求实用性。吸顶灯、筒灯、落地灯、精致小吊灯等类型较为常见，在材质的选择上多为亚克力、玻璃、金属等。其中吸顶灯适用于层高较低的简约风格空间或是兼有会客功能的多功能房间。吸顶灯底部完全贴在顶面上，特别节省空间。
窗帘		简约风格的空间要体现简洁、明快的特点，所以在选择窗帘时可选择纯棉、麻、丝等肌理丰富的材质，保证窗帘自然垂地的感觉。在色调选择上多选用纯色，不宜选择花型较多的图案，以免破坏整体感觉，可以考虑选择条状图案。
床品		纯色的床品能彰显简约的生活态度。以白色打底的床品有种极致的简约美，以深色为底色则让人觉得沉稳安静。用百搭的米色作为床品的主色调，辅以或深或浅的灰色作点缀，搭出恬静的简约氛围。在材料上，全棉、白织提花面料都是非常好的选择。
地毯		纯色地毯能带来一种素净淡雅的效果，通常适用于简约风格的空间。几何图案的地毯简约不失设计感，深受年轻居住者的喜爱，不管是混搭还是搭配简约风格的家居都很合适。有些几何纹样的地毯立体感极强，适合用在光线较强的房间。

抱枕		纯色或几何图形的抱枕在现代简约风格空间中较为常见。选择条纹的抱枕肯定不会出错,它能很好地平衡纯色和样式简单的差异;如果房间中的灯饰很精致,那么可以按灯饰的颜色选择抱枕;如果根据地毯的颜色搭配抱枕,也是一个极佳的选择。
摆件		简约风格家居空间应尽量挑选一些造型简洁的高纯度色彩的摆件。数量上不宜太多,否则会显得过于杂乱。材质上多采用金属、玻璃或者瓷器为主的现代风格工艺品。一些线条简单,造型独特甚至是极富创意和个性的摆件都可以成为简约风格空间中的装饰元素。
壁饰		挂钟、挂镜和照片墙是简约风格空间最为常见的壁饰。挂钟外框以不锈钢居多,钟面色系纯粹,指针造型简洁大气;挂镜不但具有视觉延伸作用,增加空间感,也可以凸显时尚气息;照片墙不仅带给人良好的视觉感,同时还让家居空间变得温馨且具有生活气息。
装饰画		简约风格的装饰画内容选择比较灵活,抽象画、概念画以及科幻题材、宇宙星系等题材的画都可以尝试一下。装饰画的颜色应与房间的主体颜色相同或接近,一般多以黑、白、灰三色为主,如果选择带亮黄、橘红的装饰画则能起到点亮视觉的效果。也可以选择搭配黑、白、灰系列线条流畅具有空间感的平面画。
花艺		简约风格的花器以简洁线条或几何形状的纯色为佳,白绿色的花艺或纯绿植与简洁的空间是最佳搭配。精致美观的鲜花,搭配上极具创意的花器,可让简约风格空间内充满时尚与自然的气息,在视觉上制造出清新纯美的感觉。

法式风格

5.1 法式风格的起源与发展

16 世纪的法国室内装饰多由接触过雕刻工艺的意大利手艺人和工匠完成。到了 17 世纪，浪漫主义由意大利传入法国，并成为室内设计主流风格。17 世纪的法国室内装饰成就是历史上最辉煌的，并在整整三个世纪内主导了欧洲室内装饰潮流。到了法国路易十五时期，欧洲的贵族艺术发展到顶峰，形成了以法国为发源地的洛可可风格，一种追求秀雅轻盈，显示出妩媚纤细特征的法国家居风格。此后，洛可可艺术风格在法国高速发展，并逐步受到中国艺术的影响。这种风格从建筑、室内扩展到家具、油画和雕塑领域。洛可可风格保留了巴洛克风格复杂的形象和精细的图纹，并逐步与其他大量的特征和元素相融合，其中就包括东方艺术和不对称组合等。

随着时代的发展，当代表着宫廷贵族生活的巴洛克、洛可可风格走向极致的时候，也在孕育着最终的终结者。伴随着庞贝古城的发现，欧洲人激发了对古希腊、古罗马艺术的浓厚兴趣，并延伸到家居领域，带来了新古典主义的盛行。法式新古典风格早在 18 世纪 50 年代就在建筑室内装饰和家具上有所体现，但是真正大规模应用和推广还是在 1754-1793 年的路易十六统治时期。

△ 法式风格空间除了墙面之外，还通常在家具、灯饰、装饰画等一些软装细节上点缀金色

△ 法国路易十四时期建造的凡尔赛宫室内装饰极其豪华富丽，是当时法国乃至欧洲的贵族活动中心、艺术中心和文化时尚的发源地

△ 法式风格的家居设计通常注重对称的空间美感

1. 巴洛克风格

巴洛克风格力图通过色彩表现强烈感情，刻意强调精湛技巧的堆砌，追求空间感、豪华感。巴洛克风格的色彩运用丰富而且强烈，喜欢运用对比色来产生特殊的视觉效果。最常用的色彩组合包括金色与亮蓝色、绿色和紫色、深红和白色等。巴洛克风格的家具强调力度、变化和动感，整体豪放、奢华。其最大的特色是将富有表现力的装饰细节相对集中，简化不必要的部分而强调整体结构。

2. 洛可可风格

洛可可风格是在巴洛克装饰艺术的基础上发展起来的，总体特征为纤弱娇媚、纷繁精细、精致典雅，追求轻盈纤细的秀雅美，在结构部件上有意强调不对称形状，其工艺、造型和线条具有婉转、柔和的特点。此外，洛可可风格在色彩表现上十分娇艳明快，典型的洛可可家居色彩搭配主要运用蓝色、黄绿色、粉红色、金色、米白色等。

△ 巴洛克风格

△ 洛可可风格

△ 法式巴洛克时期书柜

△ 法式巴洛克时期边桌

△ 法式洛可可时期沙发椅

△ 法式洛可可时期写字台

3. 法式新古典风格

新古典风格始于18世纪50年代，在传承古典风格的文化底蕴、历史美感及艺术气息的同时，将古典美注入简洁实用的现代设计中，使得家居空间更富灵性。在空间设计上，新古典风格注重线条的搭配以及线条之间的比例关系，令人强烈地感受到浑厚的文化底蕴，但同时摒弃了古典主义复杂的肌理和装饰。既有文化感又不失贵气，同时也打破了传统欧式风格的厚重与沉闷。

4. 法式田园风格

法式田园风格诞生于法国南部小村庄，散发出质朴、优雅、古老和友善的气质。这与处在法国南部的普罗旺斯地区相对悠闲而简单的田园生活方式密不可分，这种风格混合了法国庄园精致生活与乡村俭朴生活的特点。法式田园风格的空间顶面通常自然裸露，平行的装饰木梁经粗加工后擦深褐色清漆处理。墙面常用仿真墙绘，并且与家具以及布艺的色彩保持协调。地面铺贴材料最为常见的是无釉赤陶砖和实木地板。

△ 法式新古典风格

△ 法式田园风格

△ 法式新古典时期会议用椅

△ 法式新古典时期双人翼状沙发

△ 法式田园风格单椅

△ 法式田园风格五斗柜

5.3 法式风格配色重点

法式风格常用金色、蓝色、紫色等色彩，再搭配清新自然的象牙白和奶白色，渲染出一种柔和、高雅的气质，也恰如其分地突出各种摆设的精致性和装饰性。

📄 法式风格常见配色速查表

华丽金色

对于法式风格来说，金色的应用由来已久。金色有着光芒四射的魅力，用在家居空间中可以很好地起到吸睛作用。无论是作为大面积背景存在，还是作为饰品小比例点缀，总会令空间的气场更上一层楼。

优雅白色

法国人从未将白色视作中性色，他们认为白色是一种独立的色彩。纯白由于太纯粹而显得冷峻，法式风格中的白色通通常只是接近白的颜色，例如象牙白、乳白等，既带有岁月的沧桑感，还能让人感受到温暖与厚度。

浪漫紫色

美丽的塞纳河畔，妩媚多姿的河上风光、浓郁的艺术气息、空气中弥漫的香水余味等数不尽的元素，向人们传递着法国独特的浪漫气质。紫色本身就是精致、浪漫的代名词，著名的薰衣草之乡普罗旺斯就在法国。

高贵蓝色

蓝色是法国国旗"蓝的红旗"用色之一，也是法式风格的象征色。法式风格中常用带点灰色的蓝，总能让空间散发优雅时尚的气息。

5.4 法式风格软装元素

📄 法式风格软装元素速查表

家具		从造型角度，法式家具线条上一般采用带有一点弧度的流线型设计，如沙发的沙发脚、扶手处，桌子的桌腿，床的床头、床脚等，边角处一般都会雕刻精致的花纹，尤其是桌椅角、床头、床尾等部分。一些更精致的雕花会采用描银、描金处理，金、银的加入让家具整体精致的同时更显贵气。
灯具		法式风格空间常用水晶灯、烛台灯、全铜灯等灯具类型，造型上要求精致细巧，圆润流畅。例如有些吊灯采用金色的外观，配合简单的流苏和优美的弯曲造型设计，可给整个空间带来高贵优雅的气息。
窗帘		法式古典风格窗帘多选用金色或酒红色，有时会运用一些卡奇色、褐色等做搭配，再配上带有珠子的花边增强华丽感。法式新古典风格的窗帘在色彩上可选用深红色、棕色、香槟银、暗黄以及褐色等。面料以纯棉、麻质等自然舒适的面料为主，花形讲究韵律，弧线、螺旋形状的花形较常出现。
床品		法式古典风格的床品多采用大马士革、佩斯利图案，风格上体现出精致、大方、庄严、稳重的特点。法式新古典风格床品经常出现一些艳丽、明亮的色彩，材质上经常会使用一些光鲜的面料，例如真丝、钻石绒等，为的是把新古典风格华贵的气质演绎到极致。

地毯		在法式传统风格的空间中，法国的萨伏内里地毯和奥比松地毯一直都是首选；而法式田园风格的地毯最好选择色彩相对淡雅的图案，采用棉、羊毛或者现代化纤编织。植物花卉纹样是地毯纹样中较为常见的一种，能给大空间带来丰富饱满的效果，在法式风格中，常选用此类地毯以营造典雅华贵的空间氛围。
摆件		传统法式风格端庄典雅，高贵华丽，摆件通常选择精美繁复、高贵奢华的镀金、镀银器或描有繁复花纹的描金瓷器。烛台与蜡烛的搭配也是法式家居中非常点睛的装饰，营造出高贵典雅的氛围。而具有乡村风情的法式田园风格的常见摆件有中国青花瓷、古董器皿、编织篮筐、陶瓷雄鸡塑像以及古色古香的烛台等。
壁饰		法式风格空间常见挂镜、壁烛台、挂钟等壁饰。其中挂镜一般以长方形为主，有时也呈现椭圆形，其顶端往往布满浮雕雕刻并饰以打结式的丝带。木质挂钟是新古典风格空间常见的挂件装饰，挂钟以实木或树脂为主。实木挂钟稳重大方，而树脂材料更容易表现一些造型复杂的雕花线条。
装饰画		法式风格装饰画擅于采用油画的材质，以著名的历史人物为设计灵感，再加上精雕的金属外框，使得整幅装饰画兼具古典美与高贵感。除了经典人物画像的装饰画，法式风格空间也可以将装饰画采用花卉的形式表现出来，表现出极为灵动的生命气息。
花艺		法式风格空间可以考虑选择带有欧洲复古气息的花瓶，如复古双耳花瓶、复古单把花瓶、高脚杯花瓶等。法式风格的花艺不讲究花材个体的线条美和姿态美，只强调整体的艺术效果。在花材和色彩的选择上，欧式插花通常风格热烈、简明，会用到大量不同色彩和质感的花组合，整体显得繁盛、热闹。

美式风格

6.1 美式风格的起源与发展

美国原为印第安人聚居地。15世纪末，西班牙、荷兰、法国、英国等国相继移民到美国。美国是一个典型殖民地国家，也是一个新移民国家。因此，美国文化受到欧洲贵族、地主、资产阶级、劳动人民以及黑人奴隶等不同国家、地域的文化、历史、建筑、艺术甚至生活习惯等多方面影响。久而久之，这些不同的文化和风土人情开始相互吸收，相互融合，从而产生一种独特的美国文化。同样，美式家居风格也深受这些多民族共同生活方式的影响，很多美式风格家居中都能看到欧洲文化的缩影。美国人传承了这些欧洲文化的精华，再把亚洲、塔西提、印度等文化融入家居生活中，又加上自身文化的特点，渐渐地形成独特的美式家居风格。

美式风格独有一种很特别的怀旧、浪漫情节。随着时代的变迁，曾经宫廷式的美式设计，现在又向着回归自然的设计方向发展，衍生出取材天然、风格简约、设计较为实用的美式风格。

由于美国是在殖民地中独立起来的国度，因此美国文化崇尚个性的张扬与对自由的渴望。美式风格中经常会出现表达美国文化概念的图腾，比如鹰、狮子、大象、大马哈鱼、莨苕叶等，还有一些反映印第安文化的图腾来表现独有的个性。

△ 印第安文化和白头海雕图腾在现代室内家居设计中的运用

△ 作为美国国鸟的白头海雕

△ 象征美国精神文化的自由女神像

6.2 美式风格设计类型

1. 美式古典风格

美式古典风格历经欧洲各种装饰风潮的影响，仍然保留着精致、细腻的气质。用色较深，以绿色及驼色为主要基调。一般正式的古典空间中会出现高大的壁炉、独立的玄关、书房等。而门、窗均以双开落地的法式门和能上下移动的玻璃窗为主。地面的材质大都以深色、褐色的木地板表现出美式特有的温度。软装饰品以祖传器物、黄铜把手、水晶灯及青花瓷器为重点，墙面悬挂颜色丰富且质感较厚重的油画作品。

△ 现代美式风格

△ 美式古典风格

2. 现代美式风格

现代美式风格家居摒弃了传统美式风格中厚重、怀旧、贵气的特点。家具具有舒适、线条简洁的特点，造型方面也多吸取了法式风格和意式风格中优雅浪漫的设计元素。现代美式风格善于运用混搭的形式去营造舒适优雅的家居气氛，因此不需要太多的色调去修饰。现代美式风格在墙面颜色上常用米色系作为主色，并搭配白色的墙裙形成一种层次感。

3. 美式乡村风格

美式乡村风格非常重视生活的自然舒适性，原木、藤编与铸铁材质都是常见的设计元素。地面多使用带有肌理感的复合地板，以橡木色或者棕褐色居多。美式乡村风格的家具表面上还会刻意做出斑驳的岁月痕迹，展现出温润的触感设计。此外，盆栽、小麦草、水果、瓷盘以及铁艺制品等都是美式乡村风格空间中常用的软装饰品。

△ 美式乡村风格

6.3 美式风格配色重点

美式古典风格主色调一般以黑色、暗红色、褐色等深色为主，整体颜色更显怀旧复古、稳重优雅，尽显古典之美。美式乡村风格的墙面用色选取自然色调为主，绿色或者土褐色是最常见的搭配色彩。现代美式风格的色彩搭配一般以浅色系为主，如大面积的使用白色和木质色，搭配出一种自然闲适的生活环境。

美式风格常见配色速查表

原木色

原木色就像是大自然的保护色，让人仿佛回归大自然的怀抱，呼吸着最新鲜的空气。美式风格中的原木色一般选用胡桃木色或枫木色，仍保有木材原始的纹理和质感，还刻意增添做旧的瘢痕和虫蛀的痕迹，营造出一种古朴的质感，体现原始粗犷的美感。

大地色系

大地色系指的是棕色、米色、卡其色这些大自然中大地的颜色，给人亲切舒服的感觉，平实却又高雅。美式风格追求一种自由随意、简洁怀旧的感受，所以色彩搭配上追寻自然的颜色，常以暗棕色、土黄色为主色系。

绿色系

绿色系在所有的色彩中，被认为是大自然本身的色彩。美式乡村风格非常重视生活的自然舒适性，充分显现出乡村的朴实风味，在色彩搭配上多以自然色调为主，散发着质朴气息的绿色较为常见。

6.4 美式风格软装元素

📄 美式风格软装元素速查表

家具		传统的美式家具为了顺应美国居家空间大与讲究舒适的特点，一般都有着厚重的外形、粗犷的线条，皮质沙发、四柱床等都是经常用到的。现代美式家居风格经过改良，以简约为特点，虽具有美式造型，但是剔除了华丽的绲边、做旧、镶嵌等元素。
灯具		美式风格灯具虽然注重古典情怀，是在吸收欧式风格的基础上演变而来，但在造型上相对简约，更崇尚自然。灯具材料一般选择比较考究的陶瓷、铁艺、铜、水晶等，常用古铜色、黑色铸铁和铜质为构架。
窗帘		美式风格的窗帘强调耐用性与实用性。选材上十分广泛，印花布、纯棉布以及手工纺织的麻织物，都是很好的选择，与其他原木家具搭配，装饰效果更为出色。美式风格的窗帘色彩可选择土褐色、酒红色、墨绿色、深蓝色等，浓而不艳、自然粗犷。
床品		美式风格床品的色调一般采用稳重的褐色，或者深红色。美式风格床品的花纹多以蔓藤类的枝叶为原形设计，线条的立体感非常强，在抱枕和床旗上通常会出现大面积吉祥寓意的图案。拼花与贴花被子是美国传统床品中的重要组成部分，不仅作为床罩或者被子，也经常搭在沙发或者扶手椅上用于取暖。

地毯		美式风格地毯常用羊毛、亚麻两种材质。纯手工羊毛地毯可营造出美式格调的低调奢华。在美式家居生活的场景中，客厅壁炉前或卧室床前常放一张羊毛地毯。而麻质编织地毯拥有极为自然的粗犷质感和色彩，用来呼应曲线优美的家具。
摆件		在美式风格中常常运用饱含历史感的元素，选用一些仿古艺术品摆件，表达一种缅怀历史的情愫，例如地球仪、旧书籍、做旧雕花实木盒、表面略显斑驳的陶瓷器皿、金属或树脂动物造型的雕像等。
壁饰		美式空间的墙面常可选择色彩复古、做工精致、表面做旧的挂盘。手工打造的木质镜框也是传统挂件之一，木框表面擦褐色后清漆处理。挂钟是美式风格中最常用到的挂件，以做旧工艺的铁艺挂钟和复古原木挂钟为主，钟面以斑驳木板画、世界地图等复古风格画纸装饰，挂钟边框采用手工做旧打磨。
装饰画		美式风格以自然怀旧的格调突显舒适安逸的生活，一般会选用暗色，画面往往会铺满整个实木画框。小鸟、花草、景物、几何图案等都是常见的主题。画框多为棕色或黑白色实木框，造型简单朴实。
花艺		美式风格花器常以陶瓷材质为主，工艺大多是冰裂釉和釉下彩，通过浮雕花纹、黑白建筑图案等，将美式复古气息刻画得更加深刻。此外，做旧的铁艺花器可以给居室增添艺术气息和怀旧情怀。花材上可选择绿萝、散尾葵等无花、清雅的常绿植物。

新中式风格

7.1 新中式风格的起源与发展

新中式室内设计风格由传统中式风格随着时代变迁演绎而来，凝聚了中华民族两千多年的传统文化，是历代中国人民勤劳智慧和汗水的结晶。新中式风格的起源可以细分到不同的朝代，从商周时期出现大型宫殿建筑之后，历经汉代的庄重典雅、唐代的雍容华贵、明清时期的大气磅礴……如今，在现代设计风格的影响下，为了满足当今现代人的使用习惯和功能需求，才形成了新中式风格，这是传统文化的一种回归。

简单地说，新中式风格是对古典中式家居文化的创新、简化和提升。是以现代的表现手法去演绎传统，而不是丢掉了传统。新中式风格的设计精髓还是以传统的东方美学为基础，万变不离其宗。作为现代风格与中式风格的结合，新中式风格更符合当代年轻人的审美观点。

新中式风格不仅体现出传统中式风格的延续，更是一种与时俱进的发展理念。这些"新"，是利用新材料、新形式对传统文化的一种演绎。将古典语言以现代手法进行诠释，融入现代元素，注入中式的风雅意境，使空间散发着淡然悠远的人文气韵。

新中式风格在设计上采用现代的手法诠释中式风格，形式比较活泼，用色大胆。空间装饰多采用简洁、硬朗的直线条。例如直线条的家具上，局部点缀富有传统意蕴的装饰，如铜片、柳钉、木雕饰片等。材料上选择使用木材、石材、丝纱织物的同时，还会选择玻璃、金属、墙纸等工业合成材料。

△ 将传统的中式元素通过简化的设计手法进行呈现

△ 新中式风格在局部空间的布局上，以对称的手法营造出中式家居端正大方的特点

△ 新中式风格的家居空间强调人与自然融合的设计理念

1. 典雅庄重型新中式风格

典雅端庄的新中式风格更多借鉴清代风格的大气稳重，在此基础上运用创新和简化的手法进行设计，规避繁杂的同时降低传统中式风格中的厚重感，保留端庄沉稳的东方韵味。

在色彩搭配上，会采用如红色、紫色、蓝色、绿色以及黄色等传统中式风格常用的色彩，而且色彩都比较饱和与厚重。此外，木作和家具一般采用褐色或者黑色等深色居多，给人以大气中正的感觉。

2. 奢华精致型新中式风格

精致奢华的新中式风格于传统中透露着现代气息，并保留了传统中式风格含蓄秀美的设计精髓。

在设计时，可以在空间里融入时下流行的现代元素，形成传统与时尚融合的反差式美感，并展现出强烈的个性。在材质运用上，虽仍以质朴无华的实木为主，但也大胆采用金属、皮质、大理石等现代材质进行混搭，在统一格调之余，又赋予新中式风格更加奢华的魅力。

△ 典雅端庄的新中式风格

△ 奢华精致型新中式风格

3. 朴实文艺型新中式风格

朴实文艺的新中式风格可以说是复古风,通常不会使用造价过高的材质和工艺,是很受时下年轻人喜欢的一种设计手法。

这类风格在材料的选择上,不宜使用过于精致硬朗的材质和过于细腻的工艺手法,可选择简单质朴的形式来体现。比如硬装上采用水泥墙面和地面,要比用光洁的大理石更能体现朴拙的自然氛围。当然粗糙不加修饰的原木材质也是营造质朴文艺气质的不二选择。

4. 古朴禅意型新中式风格

古朴禅意的新中式风格崇尚"少即是多"的空间哲学,追求至简至净的意境表达,常运用留白手法。木作及家具的材料多为天然木材的本色,体现出返璞归真的禅意韵味。在装饰材料的搭配上,可选择原木、竹子、藤、棉麻、石板以及细石等自然材质。

在禅风居室中,看不到奢华辉煌的空间陈设,而常见清逸简约的中式家具、高古拙朴的花格门窗、素雅别致的布艺软装、清丽文艺的小景摆件等。

△ 朴实文艺的新中式风格

△ 古朴禅意型新中式风格

7.3 新中式风格配色重点

新中式风格空间设计的色彩搭配传承了中国传统文化中"以色明礼""以色证道"的儒学思想，其整体设计趋向于两种形式：一种是色彩淡雅，富有中国画意境的高雅色系，以白色、无色彩以及自然色为主，体现出含蓄沉稳的空间特点；另一种是色彩鲜明，并富有民族风韵的色彩，如红色、蓝色、黄色等。

📄 新中式风格常见配色速查表

喜庆红色		红色已经成为中式祥瑞色彩的代表，这个颜色对于中国人来说象征着吉祥、喜庆、传达着美好的寓意，并且在中式风格室内设计领域的应用极为广泛，既展现着富丽堂皇，又象征着幸福祈愿。
尊贵黄色		人们自古以来对黄色有特别的偏爱，这是因为黄色与黄金同色，被视为吉利、喜庆、丰收、高贵的象征。黄色也广泛地应用于新中式风格的家居空间中。
深邃蓝色		蓝色作为冷色系，与新中式风格相结合，旨在打造精致或清冽的家居氛围。在新中式风格的空间里，经常会搭配一些瓷器作为装饰，如蓝白色的青花瓷，其湛蓝的图案与莹白的胎身相互映衬，典雅而唯美。
优雅白色		东方美学无论是在书画上还是诗歌上，都十分讲究留白，常以一切尽在不言中的艺术装饰手法，引发对空间的美感想象。白，不单单是一种颜色，更是一种设计理念，产生空灵、安静、虚实相生的效果。
庄重黑色		黑色在色彩系统中属于无彩中性，可以庄重，可以优雅，甚至比金色更能演绎极致的奢华。中国文化中的尚黑情结，除了受先秦文化的影响，也与中国以水墨画为代表的独特审美情趣相关。

7.4 新中式风格软装元素

新中式风格软装元素速查表

家具		新中式风格的家具以现代的手法诠释了中式家具的美感，更加注重线条的装饰，摒弃了传统家具较为复杂的雕刻纹样，形式比较活泼，用色更为大胆明朗，多以线条简练的仿明式家具为主。中国结、山水字画、如意纹、花鸟纹、瑞兽纹、祥云纹等元素常常出现在新中式家具中。
灯具		新中式风格灯具的整体设计，在中国传统灯具的基础上，注入现代元素的表达，不仅简洁大气，而且形式十分丰富，呈现出古典时尚的美感。例如传统灯具中的宫灯、河灯、孔明灯等都是新中式灯具的演变基础。
窗帘		新中式风格的窗帘多为对称的设计，窗幔设计简洁而寓意深厚，比如按照回纹的图形结构来进行平铺幔的剪裁。在质感的选择上，多用细腻、暗哑和挺括的棉或棉麻面料来表达清雅的格调。
床品		新中式风格的床品设计简洁大方，常用低纯度、高明度的色彩作为基础色，比如米色、灰色等，在靠枕、抱枕的搭配上融入少许流行色，结合传统纹样的运用，表达现代人尊重传统亦追求时尚的精神取向。
地毯		新中式风格的空间既可以选择带有简约的回纹、棱格纹图案的地毯，也可选择水墨晕染的抽象图形，素色也是一个很不错的选择。有着中式纹样的羊毛地毯能让空间看起来丰富饱满，而麻编的素色地毯更能体现清新雅致的意蕴。

抱枕		如果空间的中式元素较多，可以选择款式简单、纯色的抱枕；如果空间中的中式元素较少，则可以选择搭配富有中式特色的抱枕，如花鸟图案抱枕、窗格图案抱枕、回纹图案抱枕等。
摆件		将军罐、陶瓷台灯以及青花瓷摆件都是新中式风格软装中的重要组成部分。此外，寓意吉祥的动物，如狮子、貔貅、小鸟以及骏马等造型的瓷器摆件也是新中式空间中的点睛之笔。
壁饰		新中式风格的墙面常搭配荷叶、金鱼、牡丹等具有吉祥寓意的挂件。扇子是古代文人墨客的一种身份象征，为其配上长长的流苏和玉佩，也是装饰中式墙面的极佳选择。
装饰画		新中式风格中的装饰画，在保有中国传统绘画灵魂的同时，利用现代技术及艺术表现形式大胆创新，而且还加入了一些西方的绘画元素。但万变不离其宗，所选题材均以中式传统元素为主。
花艺		新中式花艺的花材一般选择枝杆修长、叶片飘逸、花小色淡的种类为主，如松、竹、梅、柳枝、牡丹、茶花、迎春等。花器多造型简洁，采用中式元素和现代工艺相结合。除了青花瓷、彩绘陶瓷花器之外，粗陶花器也是对于新中式极好的表达。

地中海风格

8.1 地中海风格的起源与发展

地中海风格因富有浓郁的地中海人文风情和地域特征而闻名。最早的地中海风格是指沿欧洲地中海北岸一线,特别是希腊、西班牙、葡萄牙、法国、意大利等这些国家南部沿海地区的居民建筑住宅。其特点是红瓦白墙、干打垒的厚墙、铸铁的把手和窗栏、厚木的窗门、简朴的方形吸潮陶地砖以及众多的回廊、穿堂、过道。这些国家簇拥着地中海那一片广阔的蔚蓝色水域,各自浓郁的地域特色深深影响着地中海风格的形成,

随着地中海周边城市的发展,南欧各国开始接受地中海风格的建筑与色彩,慢慢的一些设计师把这种风格延伸到了室内。也就是从那时起,地中海室内设计风格开始形成。

地中海风格是海洋风格室内设计的典型代表,具有自由奔放、色彩多样、明媚的特点。虽经由古希腊、古罗马帝国以及奥斯曼帝国等不同时期的改变,遗留下了多种民族文化的痕迹,但追求古朴自然似乎成了这种风格不变的基调,材料的选择、纹饰的描绘以及室内色彩都呈现出对自然属性的敬仰。

地中海风格由建筑延伸运用到室内以后,由于空间的限制,很多东西都被局限化了。装饰时,通常将海洋元素应用到家居设计中,居室内在大量使用蓝色和白色的基础上,加入鹅黄色,起到了暖化空间的作用。房间的空间穿透性与视觉的延伸是地中海风格的要素之一,比如大大的落地窗户。空间布局上充分利用了拱形,在移步换景中,感受一种延伸的通透感。

△ 富有浓郁的地中海人文风情和追求古朴自然的基调是地中海风格室内设计的最大特点

△ 希腊地中海沿岸大面积的蓝与白,清澈无瑕,诠释着人们对蓝天白云,碧海银沙的无尽渴望

△ 利用拱形元素使人感受一种延伸的通透感是地中海风格的一大特征

8.2 地中海风格设计类型

1. 希腊地中海风格

希腊地中海风格的家居常使用大面积的蓝与白，整体给人以清新自然之美，线条自然弯曲而流畅地粉饰灰泥墙面和手工绘制的瓷砖等，共同创造出对比强烈的视觉效果。

2. 西班牙地中海风格

西班牙地中海风格是基督教文化和穆斯林文化等多种文化的相互渗透和融合，色彩自然柔和，其特有的罗马柱般的装饰线简洁明快，流露出古老的文明气息。

3. 法国地中海风格

法国地中海风格是以普罗旺斯为代表的一种法式乡村风格。随处可见的花卉和绿色植物、雕刻精细的家具，所有的一切从整体上营造出一种普罗旺斯的田园气息。

4. 北非地中海风格

在北非地中海城市中，随处可见沙漠及岩石的红褐色和黄土，搭配北非特有植物的深红、靛蓝，与原本金黄闪亮的黄铜，散发一种亲近土地的温暖感觉。

5. 南意大利地中海风格

意大利地中海风格一改希腊地中海风格的蓝白清凉，更钟情于阳光的味道，南意大利的向日葵花田流淌在阳光下的金黄，具有一种别有情调的色彩组合，十分具有自然的美感。

8.3 地中海风格配色重点

由于地中海地区国家众多，所以室内装饰的配色往往呈现出多种特色。西班牙、希腊以蓝色与白色为主，这也是地中海风格最典型的色彩搭配方案。两种颜色都透着清新自然的浪漫气息；意大利地中海以金黄向日葵花色为主；法国地中海以薰衣草的蓝紫色为主；北非地中海以沙漠及岩石的红褐、土黄等大地色为主。无论地中海风格的配色形式如何变幻纷呈，但其呈现出来的色彩魅力是不会变的。

📄 地中海风格常见配色速查表

蓝色 + 白色		蓝色和白色搭配是比较典型的地中海颜色搭配。圣托里尼岛上的白色村庄与沙滩和碧海、蓝天连成一片。就连门框、楼梯扶手、窗户、椅子的面及椅腿都会做蓝与白的配色，加上混着贝壳、细砂的墙面、鹅卵石地、金银铁的金属器皿，将蓝与白不同程度的对比与组合发挥到极致。浪漫的表达形式有很多种，但地中海蓝白色彩所弥漫出来的浪漫风情却是不可复制的。
大地色		地中海风会大量运用石头、木材、水泥以及充满肌理感的墙面，最后形成的效果是色彩感和形状感均不突出，却充满强烈的材质感。这种充满肌理感的大地色系显得温暖与质朴，和古希腊的住宅传统有点关系。沿海地区的希腊民居最早就喜欢用灰泥涂抹墙面，然后开大窗，让地中海海风在室内流动，灰泥涂抹墙面带来的肌理感和自然风格，一直沿袭到了现在。

8.4 地中海风格软装元素

地中海风格软装元素速查表

家具		地中海风格的家具往往会有做旧的工艺，展现出风吹日晒后的自然美感。材质上一般选用自然的原木、天然的石材或者藤类，此外还有独特的锻打铁艺家具，也是地中海风格特征之一。为了延续希腊古老的人文色彩，地中海家具非常重视对木材的运用并保留木材的原色。也常见其他古旧的色彩，如土黄、棕褐色、土红色等。
灯具		地中海风格灯具常使用一些蓝色的玻璃制作成透明灯罩，灯臂或者中柱部分常常会做擦漆做旧处理，这种设计方式可以展现出被海风吹蚀的自然印迹。以欧式烛台等为原型的铁艺吊灯，往往在地中海风格的空间中作为主灯使用。地中海风格空间中的吊扇灯是灯和吊扇的完美结合，一般以蓝色或白色作为主体配色。
窗帘		清新素雅是地中海风格窗帘的特点，如果窗帘的颜色过重，会让空间变得沉闷，而颜色过浅，会影响室内的遮光性。根据室内的整体装饰格调，选择较为温和的蓝色、浅褐色等色调，采用两个或两个以上的单色布来撞色拼接制作窗帘，不但简单别致，充满生活情趣，而且隐约的散发着清新的海洋风情。
床品		地中海风格床品的材质通常采用天然的棉麻，并搭配轻快的地中海经典色系，使卧室看起来有一股清凉的气息。碧海、蓝天、白沙的色调是地中海的三个主色，也是地中海风格床品搭配的三个重要颜色，而且无论是条纹还是格子的图案搭配都能让人感受到一股大自然柔和的魅力。
地毯		蓝白、土黄、红褐、蓝紫和绿色等色彩的地毯更能衬托地中海风格轻松愉悦的氛围，可以选择棉麻、椰纤、编草等纯天然的材质。如果觉得室内的其他装饰色彩过于素雅，也可选择一张动物皮毛地毯改变空间的氛围。此外，摩洛哥地毯也经常出现在北非地中海风格的空间中。

桌布		地中海风格的餐桌适合选用棉麻材质的桌布，棉麻材质不仅天然环保、吸水性好，而且其体现出的自然质感更是为地中海风格所要表达的空间主题锦上添花。桌布上可以搭配蓝白条纹、浅色格子以及小花朵等图案。
摆件		地中海风格宜选择与海洋主题有关的摆件饰品，如帆船模型、贝壳工艺品、木雕海鸟和鱼类等，这些饰品更能给空间增添几分浪漫的海洋气息。此外，铁艺装饰品是地中海风格中常用到的元素，无论是铁艺花器，还是铁艺烛台，都能为地中海风格的家居空间制造亮点。
壁饰		在地中海风格家居空间的墙面可以挂上各种救生圈、罗盘、船舵、钟表、相框等壁饰。由于地中海地区阳光充足、湿气重、海风大的原因，物品往往容易被侵蚀、风化、显旧，所以对壁饰进行适当的做旧处理，能展现出地中海的地域特征，还能带来意想不到的装饰效果。
装饰画		地中海风格装饰画的内容一般以静物居多，如海岛植物、帆船、沙滩、鱼类、贝壳、海鸟以及蓝天和云朵等，还有圣托里尼岛上的蓝白建筑、教堂，以及希腊爱琴海主题都能给空间制造不少浪漫情怀。
花艺		地中海风格常使用爬藤类植物装饰家居，也可以利用一些精巧曼妙的绿色盆栽让空间显得绿意盎然。小束的鲜花或者干花通常只是简单地插在陶瓷、玻璃以及藤编的花器中，枯树枝也时常作为花材应用于室内装饰。花器一般不做精雕细琢，常见的有陶制、铁艺等简单素朴的花器。

7

FURNISHING
DESIGN
软 装 全 案 教 程

第 七 章

软装全案装饰材料
的选择与应用

五金材料

1.1 门锁

1. 选择锁具时，首先要注意选择与自家门开启方向一致的锁，这样可使开关门更方便。

2. 要注意门框的宽窄，一般情况下，球形锁和执手锁不能安在门框宽度小于 90mm 的门上，门周边骨架宽度在 90mm 以上 100mm 以下的应选择普通球形锁 60mm 锁舌；100mm 以上的，可选用大挡盖即 70mm 锁舌的锁具。

3. 锁具的材质质量从高到低依次有铜、不锈钢、锌合金、铝、铁等，铜锁是最好的，铁质锁不建议购买，因为表面电镀层脱落了就会生锈，使用寿命不长。

4. 门的厚度与锁具是否匹配也是一个重要选项。

△ 门锁配件

与耐磨度相关联的是门锁的材质。在材质的选择上可采用"看""掂""听"来掌握。

看其外观颜色，纯铜制成的锁具一般都经过抛光和磨砂处理，与镀铜相比，色泽要暗，但很自然。掂其分量，纯铜锁具手感较重，而不锈钢锁具明显较轻。听其开启的声音，镀铜锁具开启声音比较沉闷，不锈钢锁的声音很清脆。

1.2 门吸

门吸是安装在门后面，在门打开以后，通过门吸的磁性将门稳定住，防止风吹会自动关闭，同时也防止在开门时用力过大而损坏墙体。常用的门吸又叫作"墙吸"。目前市场上还流行的一种门吸，称为"地吸"，其平时与地面处在同一个平面，打扫起来很方便；当关门的时候，门上的部分带有磁铁，会把地吸上的铁片吸起来，及时阻止门撞到墙上。

门吸分为永磁门吸和电磁门吸二种，永磁门吸一般用在普通门中，只能手动控制；电磁门吸用在防火门等电控门窗设备上，兼有手动控制和自动控制功能。

门吸最好选择不锈钢材质，具有坚固耐用、不易变形的特点。质量不好的门吸容易断裂，购买时可以使劲掰一下，如果发生形变，就不要购买。选购门吸产品时，应尽量购买造型敦实、工艺精细、减震韧性较高的产品。此外，选择门吸应考虑适用度。比如计划安在墙上，就要考虑门吸上方有无暖气、储物柜等有一定厚度的物品，若有则应装在地上。

△ 不锈钢材质门吸

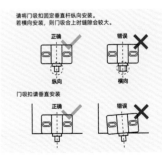

△ 门吸扣固定杆的方向

1.3 门把手

门把手作为装饰点缀，一定要和门板的样式及设计风格进行整体搭配。欧式风格的空间一般选购花纹较为复杂的白色弯曲门把手，中式家居空间则一般使用水平式古铜色复古门把手，现代风格空间则多使用亮色的门把，也有业主选择推拉门把手。

在常见的门把手中，主要有水平门把手、圆头锁门把手、推拉型门把手和磁吸门把手四类。

△ 门把手应和门板的样式及空间风格进行整体搭配

📄 常见门把手类型与选购重点

类型		选购重点
水平门把手		具有锁舌，在开启的时候会发出声音，一般使用下压的方式开启门锁，有些门把手用上抬的方式还可以锁门，但这种设计容易造成误锁，所以现在这样的设计也不常用。水平门把手的价格适中，比较适合大部分家庭使用。
圆头锁门把手		一般使用旋转的方式开启门锁，由于价格便宜，市面上的价格在 100 元以内，适用于很多家庭使用。但是这种门锁造型简单，不太适合当成大门的门把手。
推拉型门把手		突破了传统下压式的开门方式，而是通过前后推拉的方式来开门，这种门把手都配有内嵌式铰链，可以使得门板外边平整、美观。但价格比较昂贵。
磁吸门把手		没有锁舌，在开启的时候能够做到安静无声，而且也配有嵌入式的铰链，可以保证门板外表平整。目前市场上的磁吸门把手大多是进口品牌，因此价格也相对高一些。

选购时，要查看门把手的面层色泽及保护膜有无破损和划痕。可以试着摸摸看，看表面处理是否光滑，拉起来顺不顺手，好的门把手的边缘应该做过平滑处理，不存在毛茬扎手、割手的情况。辨别劣质门把手可以从响声中辨别，用一硬器轻轻敲打把手管，足厚管的拉手响声应该是较为清脆的，而薄管就比较沉闷。还需要注意的是，选择门把手，最好选择螺丝孔周围面积大一些的把手。因为把手螺丝孔周围的面积越小，打在板上的孔就要求越精确，否则，稍有偏差，会导致把手孔外露。

1.4 拉手

拉手主要是为了方便开关柜门，在款式方面有比较多的选择，它的设计要根据家具的款式、功能和家居的整体风格来搭配。市面上以直线形的，简约、粗犷的欧洲风格的铝材拉手较为常见，有的拉手还做成卡通动物模样。目前拉手的材料有锌合金拉手、铜拉手、铁拉手、铝拉手、原木拉手、陶瓷拉手、塑胶拉手、水晶拉手、不锈钢拉手、亚克力拉手、大理石拉手等。拉手有用螺钉和胶粘两种固定方式，一般用螺钉固定的结实，胶粘的不实用。

拉手需与整体的家居装修风格相搭配。选购的时候，需要选择相对应的拉手：铜质拉手质地坚硬，风格复古，适合搭配欧式风格的家具；陶瓷拉手体现出中式韵味，适合搭配中式风格或田园风格的家具；经过工艺处理的不锈钢拉手，其耐腐蚀、耐划伤性能非常好，适合搭配现代风格的家具。

一般来说，如果柜门大小在 60~100cm 之间，可以选择 128mm 孔的拉手；如果柜门大于 100cm，那建议选择 160mm 孔的拉手；如果柜门小于 60cm，则建议选择单孔或者 64mm 孔距的拉手。

△ 不锈钢拉手

△ 铜质拉手

△ 陶瓷拉手

常见拉手类型与选购重点

类型	选购重点
玄关柜拉手	玄关柜的拉手可以强调它的装饰性，一般来说，对称式的装饰门上安装两个豪华精致的拉手。
电视柜拉手	电视柜的拉手可以考虑选择与电器或电视柜台面石材色泽相近，如黑色、灰色、深绿色、亚金色的外露式拉手。
橱柜门拉手	橱柜门拉手的使用是比较频繁的，每日最少要使用三次。因为厨房中油烟大，所以拉手的设计不能过于复杂，应选择像铝合金这类耐用、抗腐蚀材质的拉手。
卫浴柜拉手	卫浴间的柜门不多，适宜挑选微型单头圆球式的陶瓷或有机玻璃拉手，其色泽或材质应与柜体相近。
儿童房柜门拉手	儿童房中柜门拉手设计更注重的是安全方面，安全系数要求高。可以选择无拉手设计、内嵌式拉手设计等，没有突出的棱角防止小朋友被撞伤。

1.5 铰链

△ 不锈钢铰链

铰链种类很多，如普通不带缓冲的铰链、滑入式铰链、快装阻尼缓冲铰链、反弹铰链、特殊角度铰链、大角度铰链（135°、165/175°）、切角铰链、内嵌铰链、十字铰链、天地铰链、蝴蝶铰链、免打孔铰链、美式铰链、短臂铰链等。一般来说，家居装修尽量安装带阻尼效果的铰链，以免猛开猛关出现碰撞声并且可以防夹手。

选择铰链的时候要辨别品牌，优质的五金配件在出厂前会对产品进行性能破坏测试，承重测试，开关测试等。优质的门铰链手感比较厚实，表面光滑，设计上基本可以达到静音的效果，而劣质五金件一般使用薄铁皮等廉价金属制成，柜门拉伸生涩，甚至有刺耳的声音。此外，可以凭手感来选择铰链，好的铰链使用手感不同，质量过硬的铰链开启时力道比较柔和，回弹力非常均匀，在选择的时候可以多开关柜门，体验手感。最后，选购时要注意铰链的复位性能，可以用手将铰链两边用力按压，观察支撑弹簧片不变形、不折断，十分坚固的为质量合格的产品。

1.6 滑轨

△ 滑轨适用于橱柜、书柜、浴室柜等木制与钢制家具的抽屉连接

滑轨又称导轨、滑道、是指固定在家具的柜体上，供家具的抽屉或柜板出入活动的五金连接部件。整体连接的滑轨是抽屉承重的优选，而三点连接的则稍稍逊色。同时，也需要注意滑轨的用材，劣质的材料对滑轨的质量有着致命的影响。选购时，多用手感觉不同材质的滑轨，选择手感好，硬度较高，分量重的滑轨。

在购买的时候，不仅要注意滑轨的长度是否合适，而且要考虑自家对抽屉的要求，如果抽屉要放非常重的东西，则要尤其注意滑轨的承重量。选购时可以询问一下该滑轨在承重的情况下大致能承受的推拉次数。

好的抽屉滑轨拉出时会感觉到阻力小。当滑轨拉到尽头时，抽屉并不会脱落或者翻倒。也可以拉出抽屉，用手在抽屉上面按一下，看看抽屉是否出现松动，是否有"哐哐"作响的声音。滑轨在抽屉拉出过程中的阻力、回弹力出现在哪里，是否顺滑，也都需要多推拉几次，观察以后才能判定。

水电材料

2.1 PP-R 水管

PP-R 管作为一种新型的环保材料，凭借耐腐蚀、耐热、无毒无害、输送阻力小等优势，成功替代传统的镀锌管、铜管、不锈钢管等产品，成了最为常用的家装水管管材。

△ PP-R 水管

优质管材和劣质管材对比

	优质管材	劣质管材
外观	不仅管身和内壁都十分光滑，且色泽明亮有油质感。	由于材料中掺杂了低质的塑料甚至石灰粉等材料，导致其色泽极不自然，切口断面更是干涩无油质，就像内部加入了粉笔灰一般。
柔韧性	历经捶、砸、掰或脚踩等一系列的考验后，由于其韧性非常好，并不会发生断裂。	因韧性较差，常常一弯即折，一砸即断。
硬度	硬度相当不错，一般人若仅靠手捏是无法使其变形的。	用手就可以捏变形。
环保性	经火燃烧后，不会有熏人的黑烟出现，更不会有异味和残留。	燃烧后会有熏人的黑烟出现。

2.2 铜塑复合管

铜塑复合管又称为铜塑管，是一种将铜水管与 PP-R 采用热熔挤制、胶合而成的给水管。铜塑复合管的内层为无缝纯铜管、外层为 PP-R，保留了 PP-R 供水管的优点。

△ 铜塑复合管

选购铜塑复合管时，应观察管材、管件外观，所有管材、配件的颜色应该基本一致，内外表面应光滑、平整、无凹凸，无起泡与其他影响性能的表面缺陷，不应含有可见杂质。测量管材、管件的外径与壁厚，对照管材表面印刷的参数，看是否一致，尤其要注意管材的壁厚是否均匀，这会直接影响管材的抗压性能。可以用手指伸进管内，优质管材的管口应当光滑，没有任何纹路，裁切管口无毛边。可以用鼻子对着管口闻一下，优质产品不应有任何气味。观察配套接头配件，铜塑复合的接头配件应当为固定配套产品，且为优质纯铜，每个接头配件均有塑料袋密封包装。如果怀疑管材的质量标识。可以先买一根让工人试装，热熔时看会不会出现掉渣现象或产生刺激性气味，如果没有，则说明质量不错。

2.3 PVC 排水管

　　PVC 排水管是以卫生级聚氯乙烯（PVC）树脂为主要原料，加入适量的稳定剂、润滑剂、填充剂、增色剂等经塑料挤出机挤出成型和注塑机注塑成型，通过冷却、固化、定型、检验、包装等工序而完成的，它壁面光滑，阻力小，密度低。

　　PVC 排水管的型号用公称外径表示，家庭常用的 PVC 管道公称外径分别为 110mm、125mm、160mm、200mm 等。PVC 排水管的配件种类比 PP-R 给水管的多，包括管卡、四通、存水弯、管口封闭和直落水接头等。

　　PVC 排水管材的连接方式主要有密封胶圈、粘接和法兰连接三种。PVC 排水管直径大于等于 100mm 的管道，一般采用胶圈接口；管径小于 100mm 的管道，一般采用粘接接头，也有的采用活接头。

△ PVC 排水管

△ PVC 排水管三通

△ PVC 排水管弯头

📄 PVC 排水管选购方法

步骤	选购方法
看外观	常见的白色 PVC 排水管，颜色为乳白色且均匀，内外壁均比较光滑又有点韧的感觉为好。质量比较差的 PVC 排水管颜色要么是雪白的，要么有些发黄，且较硬，有的颜色不均，有的外壁特别光滑，而内壁显得粗糙，有时有针刺或小孔。
检查韧性	将管材锯成窄条后，试着折 180°，如果一折就断，说明韧性很差，脆性大；如果很难折断，说明有韧性。在折时，越需要费力才能折断的管材，强度越好，韧性一般不错。最后可观察断茬，茬口越细腻，说明管材均化性、强度和韧性越好。
检测抗冲击性	可选择室温接近 20℃ 的环境，将锯成 200mm 长的管段（对 110mm 管）用铁锤猛击，好的管材，用人力很难一次击破。
选择正规品牌、厂家	业主选择 PVC 排水管时，应到有信誉的商家选择大型的知名企业的产品，或到知名品牌的直销点购买。

2.4 家用电线

电线按使用用途不同可以分为多种类型。家用电线相较于工程等其他用途电线，对电线的功能要求相对较低。

△ 家用电线

◇ 常见家用电线类型

类型	性能特点	用途	价格
单股线	结构简单，色彩丰富，需要组建电路，施工成本低，价格低廉。	照明、动力电路连接	长100m，2.5m^2 200~250元/卷
护套线	结构简单，色彩丰富，使用方便，价格较高。	照明、动力电路连接	长100m，2.5m^2 450~500元/卷
电话线	截面较小，质地单薄，功能强大，传输快捷，价格适中。	电话、视频信号连接	长100m，4芯 150~200元/卷
电视线	结构复杂，具有屏蔽性能，信号传输无干扰，质量优异，价格较高。	电视信号连接	长100m，120编 350~400元/卷
音箱线	结构复杂，具有屏蔽功能，信号传输无干扰，质量优异，价格昂贵。	音箱信号连接	长100m，200芯 500~800元/卷
网路线	结构复杂，单根截面较小，质地单薄，传输速度较快，价格较高。	网络信号连接	长100m，6类线 300~400元/卷

质量好的电线不仅实用，而且能有效减少入住后的很多生活烦恼。而质量差的电线可能对人造成危害，轻则停电、断电，重则引发火灾。装修时业主对电线的选择丝毫不容马虎。

📄 家用电线选购方法

步骤	选购方法
看包装	盘型整齐、包装良好、合格证上项目（商标、厂名、厂址、电话、规格、截面、检验员等）齐全并印字清晰的电线一般是大厂家生产的，多会遵守国家相关标准，因此质量可靠。
比较线芯	打开包装简单看一下里面的线芯，比较相同标称的不同品牌的电线的线芯，如果两种线明显有一种皮太厚，则说明皮厚的牌子的电线不可靠。用力扯一下线皮，不容易扯破的一般是国标的。
用火烧	绝缘材料点燃后，移开火源，5秒内熄灭的，有一定阻燃功能，应该为国标线。
看内芯	内芯（铜质）的材质，越光亮越软铜质越好。国标要求内芯一定要用纯铜。
看线上印字	国家规定电线上一定要印有相关标识，如产品型号、单位名称等，标识最大间隔不超过50cm，印字清晰、间隔匀称的应该为大厂家生产的国标线。

2.5 穿线管

电线不能直接敷设在墙内，必须用电线保护管加以保护，此外也方便后期维修。根据性能、使用场合等的不同，家装中常用到的穿线管有以下几种。

△ PVC 穿线管

△ 金属穿线管

穿线管类型与选购方法

类型	特点	选购方法
PVC 穿线管	具有优异的电气绝缘性能，施工方便、不会生锈，在家装电路改造中使用较为普遍。	首先检查管子外壁是否有生产厂家标记和阻燃标记；其次可用火点燃管子，然后将之撤离火源，看 30 秒内是否自熄；还可试将管子弯曲 90°，弯曲后看外观是否光滑；最后，可用榔头敲击至管子变形，无裂缝的为冲击测试合格。
金属穿线管	常见的金属管为镀锌钢管，耐热、耐压、防火。金属线管、镀锌线管只适用于高层建筑，虽然成本较高，但不易弯曲变形。	选购要注意管子不应有折扁和裂缝，管内应无毛刺，钢管外径及壁厚应符合相关的国家标准，若钢管绞丝时，出现烂牙或钢管出现脆断现象，表明钢管质量不符合要求。

2.6 接线暗盒

接线暗盒是采用 PVC 或金属制作的电路接线盒。在家装中，各种电线的布设都采取暗铺装的方式施工，即各种电线埋入顶、墙、地面或构造中，从外部看不到电线的形态与布局。接线暗盒一般都需要进行预埋安装，成为必备的电路辅助材料。接线暗盒主要起到连接电路，保护线路安全的作用。

常见的暗盒型号有 86 型、120 型。86 型暗盒尺寸约为 80mm×80mm，面板尺寸约为 86mm×86mm。是使用最多的一种接线暗盒。120 型接线暗盒分 120/60 型和 120/120 型。120/60 型暗盒尺寸约为 114mm×54mm，面板尺寸约为 120mm×60mm。120/120 型暗盒尺寸约为 114mm×114mm，面板尺寸约为 120mm×120mm。

△ 86 型接线暗盒

接线暗盒选购方法

步骤	选购方法
选择材料	暗盒应采用防冲击、耐高温、阻燃性好、抗腐蚀的绝缘材料。选择时可以采用燃烧、摔踩等方式进行测试。
尺寸精确	包括螺钉间距、标准大小的 6 分管、4 分管接孔等尺寸应精确。尺寸不够精确的暗盒，可能造成开关插座安装不牢固或暗盒内部漏浆。
高质量的螺钉口	好的暗盒螺钉口为螺纹铜芯外包绝缘材料，能保证多次使用不滑口。部分暗盒的一侧螺钉口还设计为有一定空间上下活动，即使开关插座安装上略有倾斜，也能顺利地固定在暗盒上。
较大的内部空间	暗盒内部空间大，能减少电线缠结，利于散热。

2.7 开关插座

开关插座不仅是一种家居功能用品，更是安全用电的主要零部件，其产品质量、性能材质对于预防火灾、降低损耗都有至关重要的作用。

常见的开关有单控开关、双控开关、延时开关、红外线感应开关、声控开关等。选购时根据各居室空间的灯光情况、电器控制、用电方式、使用功能等，选择适合的开关插座。如在楼道的灯光控制可以选择声控开关，使用比较方便；卫生间的排气扇可以选择延时开关，能够在关闭开关后，延时排放污气几分钟后自动关闭电源，省电又安全。

△ 开关插座

开关插座的面壳和内部使用的材质，一般具有绝缘性，防止漏电的危险。常见的开关插座面板材质有 ABS 材料、PC 料等，流体材质有黄铜、锡磷青铜、红铜等。在选择时，应当挑选有防火阻燃功能的材质。PC 料有比较好的耐热性、阻燃性以及高抗冲性；ABS 材料价格较便宜，阻燃性和染色性也很好，不过韧性差，抗冲击能力弱，使用寿命短。

📄 开关插座选购方法

步骤	选购方法
看外观	通过外观判断开关面板材料的好坏。好的材料表面光洁度好，有品质感；如果使用了劣质材料，或加入了杂料，面板颜色会偏白，有瑕疵点。
开关插拔次数	目前关于开关插拔次数的国家标准是 5000 个来回，一些优质产品已经可以达到 10000 次。另外，在选购时还可以拿着插头插一下插座，看插拔是否偏紧或偏松。
铜片处理工艺	普通铜片很容易生锈，镀镍工艺是在铜片上镀了一层镍，能有效防止铜片生锈，安全系数非常高且使用寿命长。好铜片的硬度、强度是非常好的，在选购的时候可以尝试弯折铜片。
是否设置儿童保护门	是指用一块金属片插入插座的一个插孔，保护门不会开启，处于自锁状态，可以有效防止儿童触电事故的发生。
孔间距	孔间距就是两孔跟三孔之间的间距，较大的间距可以避免插座打架现象，减少插座的安装。有些开关的间距可能只有 18mm，甚至 17mm，两个插头同时插入就可能会碰撞，无法同时使用。一般，孔间距要达到 20mm，才能满足两个大尺寸插头同时插入。

涂料

③.1 乳胶漆

乳胶漆是以合成树脂乳液为基料，通过研磨并加入各种助剂精制而成的涂料，也叫乳胶涂料。乳胶漆有着传统墙面涂料所不具备的优点，如易于涂刷、覆遮性高、干燥迅速、漆膜耐水、易清洗等。由于乳胶漆具有品种多样、适用面广、对环境污染小以及装饰效果好等特点，因此是目前室内装修使用较为广泛的墙面装饰材料之一。

很多人以为色卡上乳胶漆的颜色会和刷上墙后的颜色完全一致，其实这是一个误区。由于光线反射以及漫反射等原因，房间四面墙都涂上漆后，墙面颜色看起来会比色卡上略深。在色卡上选色时，建议挑选浅一号的颜色，这样才能达到预期想要的效果。如果喜欢深色墙面，可以与所选色卡颜色调成一致。

乳胶漆分类众多：根据适用环境的不同，可分为内墙乳胶漆和外墙乳胶漆；根据装饰的光泽效果分为无光、亚光、丝光和亮光等类型；根据产品特性的不同分为水溶性内墙乳胶漆、水溶性涂料、通用型乳胶漆、抗污乳胶漆、抗菌乳胶漆、叔碳漆、无码漆等。

根据房间的不同功能选择相应特点的乳胶漆：如挑高区域及不利于翻新区域，建议用耐黄病的优质乳胶漆产品；卫浴间、地下室最好选择耐真菌性较好的乳胶漆；而厨房、浴室可以选用防水涂料。除此之外，选择具有一定弹性的乳胶漆，有利于覆盖裂纹、保护墙面的装饰效果。

△ 卫浴间墙面应选择防水乳胶漆

△ 色卡上选色，建议挑选浅一号的颜色

△ 丝光漆

△ 亚光漆

3.2 硅藻泥

硅藻泥按照涂层表面的装饰效果和工艺可以分为质感型、肌理型、艺术型和印花型等。质感型采用添加一定级配的粗骨料，抹平形成较为粗糙的质感表面。 肌理型是用特殊的工具制作成一定的肌理图案，如布纹、祥云等艺术型是用细质硅藻泥找平基底，制作出图案、文字、花草等模板，在基底上再用不同颜色的细质硅藻泥做出图案。印花型是指在做好基底的基础上，采用丝网印做出各种图案和花色。

硅藻泥施工纹样通常有如意、祥云、水波、拟丝、土伦、布艺、弹涂、陶艺等。

△ 自然环保的硅藻泥与带有天然节疤的原木装饰墙面，让空间回归自然简洁

△ 肌理型硅藻泥装饰效果

△ 如意

△ 祥云

△ 水波

△ 拟丝

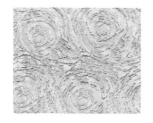

△ 土伦

△ 布艺

△ 弹涂

△ 陶艺

在购买时，可以用手去摸硅藻泥的样板，看是否有松木般的柔和感，劣质的硅藻泥手感比较坚硬，有类似于砂岩的感觉。品质好的硅藻泥装饰的墙面色彩柔和、均匀、不返白、无色差，而劣质的硅藻泥做出来的墙面往往色彩浓艳，而且存在重金属超标、容易花色等问题。由于硅藻泥具有很强的物理吸附性和离子交换功能，因此可以吸收大量的水分。劣质硅藻泥中的硅藻土含量低，其孔隙堵塞，因此容易发生翻皮脱落等现象。

一般正规厂家的合格硅藻泥产品应具备国家建材主管部门颁发的专利证书或国家权威部门出具的检测报告。

硅藻泥分为液状涂料和浆状涂料两种。液状涂料与一般的水性漆相同，硅藻泥施工后，需要一天的时间才会干燥，因此有充分的时间来制作不同的造型。具体造型可向商家咨询，并购置相应的工具。浆状的硅藻泥有黏性，适合做不同的造型，但是施工难度较高，需专业人员来进行。

△ 品质好的硅藻泥装饰的墙面显得色彩柔和

△ 硅藻泥除了环保性能，还可以使墙面长期如新

3.3 艺术涂料

艺术涂料是一种新型的墙面装饰艺术漆，是以各种高品质的具有艺术表现功能的涂料为材料，结合特殊工具和施工工艺，制造出各种纹理图案的装饰材料。艺术涂料与传统涂料之间最大的区别在于艺术涂料质感肌理表现力更强，可直接涂在墙面，产生粗糙或细腻的立体艺术效果。

艺术涂料根据风格不同可分为真石漆、板岩漆、墙纸漆、浮雕漆、幻影漆、肌理漆、金属漆、裂纹漆、马来漆、砂岩漆等。艺术涂料上漆基本分为两种：加色和减色，加色即上了一种色之后再上另外一种或几种颜色；减色即上了漆之后，用工具把漆有意识地去掉一部分，呈现自己想要的效果。

艺术涂料不仅具有传统涂料的保护和装饰作用，而且耐候性和美观性更加优越。所以与传统涂料相比，价格相对较高。目前市场上有质量保证的品牌艺术漆价格一般在 100~900 元 /m^2。

艺术涂料的小样和大面积施工呈现出来的效果会有区别，建议在大面积施工前，在现场先做出一定面积的样板，再决定整体施工。注意转角处的图案衔接和处理也是效果统一的关键。

△ 真石漆墙面富有立体感

△ 真石漆

△ 板岩漆

△ 浮雕漆

△ 肌理漆

△ 金属漆

△ 裂纹漆

△ 马来漆

△ 砂岩漆

板材

4.1 细木工板

细木工板又叫大芯板，是由两片单板中心用胶压拼接木板而成，两边表面为胶贴木质单板的实心板材。中心木板是由木板方经烘干后，加工成一定标准的木条，由拼板机拼接而成。拼接后的木板双面各掩盖两层优质单板，再经冷、热压机胶压后制成。

细木工板可分为芯板条不胶拼的和胶拼的两种，按表面加工情况也分为一面砂光和两面砂光。由于其轻质、耐久性好和易加工，具有刨切薄木表面的特性，还有硬度、尺寸稳定性好等特点。细木工板主要用于制作大衣柜、五屉柜、书柜、酒柜等各种板式家具。由于细木工板的加工工艺和设备不复杂，且细木工板比纤维板和刨花板更接近传统的木工加工工艺，因此广受欢迎。

但细木工板在生产过程中需要使用脲醛胶，因此甲醛释放量较高，环保标准普遍偏低，这也是大部分细木工板都有刺鼻味道的原因。在室内装饰中只能使用 E0 级或者 E1 级的细木工板。使用中，要对不能进行饰面处理的细木工板进行净化和封闭处理，特别是背板、各种柜内板等，可使用甲醛封闭剂、甲醛封闭蜡等。细木工板的价格为 120~310 元 / 张，具体可根据实际情况来选择。

△ 采用细木工板现场制作的客厅储物柜

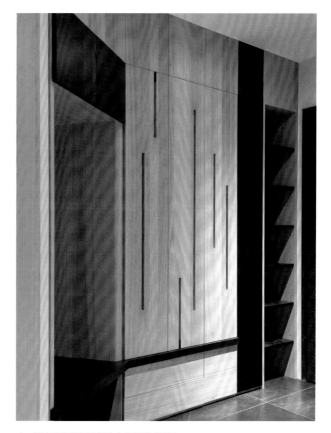
△ 细木工板常用来制作衣柜等板式家具

4.2 杉木板

杉木板又叫杉木集成板、杉木指接板，是利用短小材通过指榫接长，拼宽合成的大幅面厚板材。一般采用杉木作为基材，经过高温脱脂干燥、指接、拼板、砂光等工艺制作而成。它克服了有些板材使用大量胶水、粘接的工艺特性，用胶量仅为木工板的十分之七，而且木纹清晰，自然大方，因此是一种非常好的环保用材。

杉木板厚实，给人温暖的感觉，因其为实木条连接而成，因此比大芯板更环保，更耐潮湿。建议在制作家具时尽可能使用杉木板做柜体。选购时注意：木板的厚薄宽度要一致，纹理要清晰；应注意木板是否平整，是否起翘；要颜色鲜明，略带红色，若色暗无光泽则是朽木；另外，要用手指甲抠不出明显印痕来。

在一些乡村风格的室内装饰中，经常出现杉木板制作的吊顶造型。杉木板吊顶的形状排列可以根据空间的大小和造型来设计，安装好后刷漆时，可选择清漆保留杉木板原有的颜色，也可以用木蜡油擦上与整个空间相协调的颜色。此外，由于杉木板的规格和厚度有很多种，可根据实际需要选择不同的厚度，既美观又避免了不必要的浪费。

△ 利用杉木板制作的抽拉式储物地台

△ 选择清漆工艺的杉木板吊顶

△ 选择木蜡油搓色的杉木板吊顶

4.3 密度板

密度板也称纤维板，是以木质纤维或其他植物纤维为原料，施加脲醛树脂或其他适用的胶粘剂制成的人造板材。按其密度的不同，分为高密度板、中密度板、低密度板。其中低密度板结构松散，故强度低，但吸音性和保温性好，主要用于吊顶部位装饰；中密度板可直接用于制作家具；高密度板不仅可用作装饰，更可取代高档硬木直接加工成复合地板。

密度板的表面特别光滑平整，其材质非常细密，边缘特别牢固，性能相对稳定，其板材表面的装饰性也特别的好。密度板很容易进行涂饰加工。各种涂料、油漆类可均匀地涂在密度板上，是做油漆效果的首选基材。各种木皮、胶纸薄膜、饰面板、轻金属薄板、三聚氰胺板等材料均可胶贴在密度板表面上。密度板的缺点是耐潮性特别低，而且与刨花板相比，密度板的握钉力是比较差的。此外，密度板的强度不是特别高，因此很难对密度板进行再固定。

由于密度板是用胶水压制而成的，所以都会含有一定的甲醛，只要甲醛含量不超标，符合国家规定的标准，也可以选购使用。购买时最好选择胶水含量低，采用环保胶水制成的密度板。密度板因其密度的不同而差异较大，从 35~400 元 / 张价格不等，通常密度越高价格越贵。

△ 密度板雕花隔断

4.4 欧松板

欧松板是以小径木、间伐材、木芯为原料，通过专用设备加工成长 40~100mm、宽 5~20 mm、厚 0.3~0.7 mm 的长条刨片。径木是树木经过砍伐加工后形成的树段，而间伐材是指砍伐木材时不是一次砍伐完毕，是分数次砍伐。松木是符合其中特点的一种树木。而欧松木顾名思义，采用欧洲的松木经过加工制作形成板材。

欧松板全部采用高级环保胶黏剂，在甲醛释放量的数据上几乎为零，可以和天然的木材相比，是市场上最高等级的装饰板材，也是真正的绿色环保建材。欧松板本身坚固耐磨，防火防潮，耐高温，其自身质量较轻。目前市场上欧松板的价格为 180~500 元 / 张。

欧松板的颜色一般都是温润的木色，由于基色来自于大自然，所以可以柔和地反射出周围环境的光线。使用欧松板比较普遍的是工业风格空间，另外自然简洁的现代风格和欧松板的搭配也可以带来意想不到的效果。

欧松板在室内装饰中一般是作为橱柜的框架材料，即橱柜的内部全部采用欧松板制作，然后柜门选择实木材质、钢化玻璃等材料。用欧松板制作的橱柜，通常防潮效果很好，这主要得益于欧松板的板材构造。

△ 欧松板材料表面纹理粗犷，常用于工业风格的空间

4.5 木饰面板

木饰面板是将木材切成一定厚度的薄片，黏附于胶合板表面，然后经过热压处理而成的墙面装饰材料。常见的木饰面板分为人造木饰面板和天然木饰面板：人造饰面板纹理通直且图案有规则；而天然木饰面板纹理图案自然、无规则，且变异性比较大。天然木饰面板不仅不易变形，抗冲击性好，而且结构细腻、纹理清晰，其装饰效果往往要高于人工木饰面板。

木饰面板不仅有多种木纹理和颜色，而且还有亚光、半亚光和高光之分，因此，在室内墙面铺贴木饰面板，装饰效果十分丰富。需要注意的是，在铺贴木饰面板时，应提前考虑到室内后期软装饰的颜色、材质等因素，通过综合比较后再进行铺贴。墙面使用有纹理的木饰面板做显纹漆，要避免使用亮光漆，推荐使用纯亚光漆。如果用水曲柳面板或者红橡面板，建议最好不要使用清水漆，更不要使用半亚光漆或者亮光漆。

△ 木饰面板拼花造型

△ 保持木饰面板纹理方向一致，最好采用竖向铺贴的方式

△ 红棕色木饰面板常见于表现华丽气质的欧式风格空间

常见木饰面板类型

类型		特点	价格（每张）
枫木		色泽白皙光亮，图形变化万千，分直纹、山纹、球纹、树榴等，花纹呈明显的水波纹或细条纹。	280~360 元
橡木		具有比较鲜明的直纹或山形木纹，并且触摸表面有着良好的质感，使人倍觉亲近大自然。	100~500 元
柚木		柚木饰面板色泽金黄，纹理线条优美。它包括柚木、泰柚两种，质地坚硬，细密耐久，涨缩率是木材中最小的一种。	120~280 元
黑檀		黑檀木饰面板呈黑褐色，具有光泽，表面变幻莫测的黑色花纹犹如见到名山大川、行云流水，具有很高的观赏价值。	120~180 元
胡桃木		常见有红胡桃木、黑胡桃木等，表面为从浅棕色到深巧克力色的渐变色，色泽优雅，纹理为精巧别致的大山纹。	110~180 元
樱桃木		樱桃木饰面板木质细腻，颜色呈自然棕红色，装饰效果稳重典雅又不失温暖热烈，因此被称为"富贵木"。	80~300 元
水曲柳		水曲柳饰面板是室内装饰中最为常用的，分为水曲柳山纹和水曲柳直纹两种。表面呈黄白色，纹理直而较粗，耐磨抗冲击性好。	70~280 元
沙比利		沙比利饰面板色泽呈红褐色，木质纹理粗犷，制成直纹后，纹理有闪光感和立体感。按花纹可分为直纹沙比利、花纹沙比利、球形沙比利。	70~400 元

砖石材料

5.1 大理石

大理石是地壳中经过质变形成的石灰岩，其主要成分以碳酸钙为主，具有使用寿命长、不磁化、不变形、硬度高等优点。早期，我国云南省大理地区的大理石质量最好，其名字也因此得来。

天然大理石具有独特的自然纹理与天然美感，表面很光亮，而人造大理石表面虽然也比较光滑，但一般达不到像天然大理石一样光亮照人的程度。不管是人造大理石还是天然大理石，如果在背面能看到细小的毛孔，就说明其质量较差。还可以在大理石的表面滴几滴墨水，如果很快有渗透现象发生，就说明其质地较为疏松，如有这样的情况最好不要选购。此外，在选购大理石产品时，还应检查其是否有 ISO 质量认证、质检报告，以及有无产品质保卡和相关防伪标志。同时，还要注意售后服务，索要并保存好各类凭证，以保护自身合法权益不受侵害。

品质不同，大理石的价格自然也会不同。一般大理石的价格在 200 元 /m^2 以上，质量上乘的大理石，经过简单加工，价格在 1000 元 /m^2 左右。大理石因出厂地及出材率的不同，价格变化较大。

△ 天然大理石的纹理宛如一幅浑然天成的水墨画

△ 以大理石为主材打造的餐厅背景墙

常见大理石类型

类型		特点	参考价格（每平方米）
爵士白大理石		颜色具有纯净的质感，带有独特的山水纹路，有着良好的加工性和装饰性能。	200~350 元
黑白根大理石		黑色质地的大理石带着白色的纹路，光泽度好，经久耐用，不易磨损。	180~320 元
啡网纹大理石		分为深色、浅色、金色等几种，纹理强烈，具有复古感，价格相对较贵。	280~360 元
紫罗红大理石		底色为紫红，夹杂着纯白、翠绿的线条，形似传统国画中的梅枝招展，显得高雅大方。	400~600 元
人花绿人理石		表面呈深绿色，带有白色条纹，特点是组织细密、坚实、耐风化、色彩鲜明。	300~450 元
黑金花大理石		深啡色底带有金色花朵，有较高的抗压强度和良好的物理性能，易加工。	200~430 元
金线米黄大理石		底色为米黄色，带有自然的金线纹路，用作地面时间久了容易变色，通常作为墙面装饰材料。	140~300 元
莎安娜米黄大理石		底色为米黄色，带有白花，不含有辐射且色泽艳丽、色彩丰富，被广泛用于室内墙、地面的装饰。	280~420 元

5.2 人造石

人造石的成分主要是树脂、铝粉、颜料和固化剂，是应用高分子的实用建筑材料，其制造过程是一种化学材料反应过程。人造石是一种新型环保复合材料。相比天然石材、陶瓷等传统建材，人造石不但功能多样，颜色丰富，应用范围也更加广泛。

人造石是高分子材料聚合体，通常是以不饱和树脂和氢氧化铝填充料为主材，经搅拌、浅注、加温、聚合等工艺成型的高分子实心板，一般称为树脂板人造石。以甲基丙烯酸甲酯为主材的人造石，又称亚克力石。甲基丙烯酸甲酯、树脂混合体人造石，是介于上述二种人造石之间的实用型人造石。

人造石耐碱性优异，易清洁打理，无缝隙，被广泛应用于台面、地面和异形空间。使用一段时间以后可以抛光处理，保持亮丽如新。人造石的表面一般都进行过封釉处理，所以平时不需要太多的保养，表面抗氧化的时间也很长。人造石的花纹大多数都是相同的，所以在施工的时候可以采取抽缝铺贴的方式。不同类型的人造石价格不一样，按价格从高到低排序分别是亚克力石、铝粉人造石、石英石、钙粉人造石、岗石，不同的材质决定了最终成品的价格。人造石台面的价格通常按米计算。

△ 人造石吧台

△ 石英石

△ 亚克力石

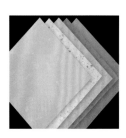

△ 岗石

△ 钙粉石英石

△ 铝粉人造石

5.3 文化石

　　文化石不是专指某一种石材，而是对一类能够体现独特空间风格饰面石材的统称。文化石本身也不包含任何文化含义，而是利用其原始的色泽纹路，展示出石材的内涵与艺术魅力。文化石按外观可分成很多种，如砖石、木纹石、鹅卵石、石材碎片、洞石、层岩石等，只要想得到的石材种类，几乎都有相对应的文化石，甚至还可仿木头年轮的质感。

　　文化石给人自然、粗犷的感觉，外观种类很多，可依居室设计风格搭配。一般乡村风格的室内空间墙面运用文化石最为合适，色调上可选择红色系、黄色系等，在图案上则是以木纹石、乱片石、层岩石等较为普遍。文化石按外观可分成很多种，如砖石、木纹石、鹅卵石、石材碎片、洞石、层岩石等，只要想得到的石材种类，几乎都有相对应的文化石，甚至还可仿木头年轮的质感。文化石的价格多以箱为单位，进口材料约是国产价格的 2 倍，但色彩及外观的质感较好。市场上，文化石价格在 180~300 元 /m²。

△　文化石是乡村风格墙面最常见的装饰材料，适合表现粗犷复古的气质

△　文化石砌成的壁炉

△　美式乡村风格空间中的文化石主题墙

文化石背景墙在铺贴前，应先在地面摆设一下预期的造型，调整整体的均衡性和美观性，例如小块的石头要放在大块的石头旁边，每块石材之间颜色搭配要均衡等。如有需要，还可以提前将文化石切割成所需的样式，以达到最为完美的装饰效果。

△ 文化石背景墙在铺贴前，应先在地面摆设一下预期的造型

📄 常见文化石类型

类型		特点	参考价格（每平方米）
仿砖石		仿砖石的质感和样式，可做出色彩不一的效果，是价格最低的文化石，多用于壁炉或主题墙的装饰。	150~180 元
城堡石		外形仿照古时城堡外墙形态和质感，有方形和不规则形两种类型，多为棕色和灰色两种色彩，颜色深浅不一。	160~200 元
层岩石		仿岩石石片堆积形成的层片感，是很常见的文化石种类，有灰色、棕色、米白等色彩。	140~180 元
蘑菇石		因突出的装饰面如同蘑菇而得名，也叫馒头石，主要用于室内外墙面、柱面等立面装饰，显得古朴、厚实。	220~300 元

5.4 仿古砖

仿古砖是从彩釉砖演化而来，属于上釉的瓷质砖。与普通的釉面砖相比，其差别主要表现在釉料的色彩上面，现代仿古砖属于普通瓷砖，与瓷砖基本是相同的，所谓仿古，指的是砖的效果，应该叫仿古效果的瓷砖。

由于仿古地砖表面经过打磨而形成的不规则边，有着经岁月侵蚀的模样，呈现出质朴的历史感和自然气息，不仅装饰感强，还突破了瓷砖脚感不如木地板的刻板印象。仿古砖的外观古朴大方，其品种、花色也较多，每一种仿古砖在造型上的区别并不大，因而仿古砖的色彩就成了设计表达最有影响力的元素。

△ 乡村风格的地面常用米色或偏暖色的仿古砖表现质朴的历史感

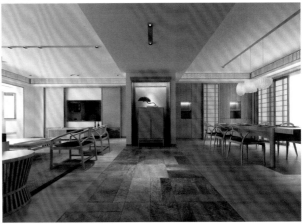

△ 中式风格的地面常用灰色仿古砖表现古朴自然的禅意

仿古砖的款式新颖多样。从施釉方式来看，可分为全抛釉与半抛釉仿古砖；全抛釉仿古砖其光亮程度与耐污性，更适用于室内家居地面。相对于呈现哑光光泽的半抛釉仿古砖，用于墙面效果表现更为出色。

从表现手法上，可分为单色砖与花砖，单色砖主要由单一颜色组成，而花砖则多以装饰性的手绘图案进行表现。单色砖主要用于大面积铺装，而花砖则作为点缀用于局部装饰。

从砖面的纹理角度，将仿古砖分为仿石材、仿木材、仿金属等特殊肌理的仿制砖。一般仿木纹的适合客厅、卧室大面积铺装，而仿石材的仿古砖则更多被用于家居地面的局部装饰。

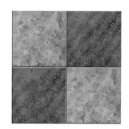

△ 单色仿古砖

△ 仿古花砖

△ 菱形铺贴加波打线

△ 铺贴仿古花砖的地面带来艺术般的美感

& 卓新潞设计

△ 六角砖拼花

5.5 马赛克

马赛克又称锦砖或纸皮砖，发源于古希腊，具有防滑、耐磨、不吸水、耐酸碱、抗腐蚀、色彩丰富等特点。马赛克的种类十分多样，按照材质、工艺的不同可以将其分为石材马赛克、陶瓷马赛克、贝壳马赛克、玻璃马赛克等若干不同的种类。

马赛克根据使用的材质不同，价格差别也非常大。普通的如玻璃、陶瓷马赛克价格在每平方米几十元不等，但是同样的材质根据纹理、图形个性设计的差别，价格又有高低差异。而一些高端材质如石材、贝壳等材料价格一般每平方米高达几百元甚至上千元不等。

如果追求空间个性及装饰特色，则可以尝试将马赛克进行多色混合拼贴，或者拼出自己喜爱的背景图案，让空间充满时尚现代的气质。其次，作为局部墙面的装饰，还要注意跟墙面其他材质之间交接处形成和谐的过渡，让整体室内空间显得更加完整统一。

空间面积的大小决定着马赛克图案的选择，通常面积较大的空间宜选择色彩跳跃的大型马赛克拼贴图案，而面积较小的空间则尽可能选择色彩淡雅的马赛克，这样可以避免小空间因出现过多颜色，而导致过于拥挤的视觉感受。

△ 马赛克是卫浴间墙面最为常用的装饰材料之一

△ 繁华主题的马赛克拼花造型带来时尚现代的气质

类型	特点
石材马赛克	石材马赛克是将天然石材开介、切割、打磨后手工粘贴而成的马赛克，是最古老和传统的马赛克品种。根据其处理工艺的不同，石材马赛克有亚光面和亮光面两种表面形态，在规格上有方形、条形、圆角形、圆形和不规则平面等种类。
陶瓷马赛克	陶瓷马赛克是以陶瓷为材质制作而成的瓷砖，防滑性能优良。此外，有些陶瓷马赛克会将其表面打磨成不规则边，制作出岁月侵蚀的模样，以塑造历史感和自然感。这类马赛克既保留了陶的质朴厚重，又不乏瓷的细腻润泽。
贝壳马赛克	贝壳马赛克原材料来源于深海或者人工养殖的贝壳，市面上常见的一般为人工养殖贝壳做成的马赛克。贝壳马赛克选自贝壳色泽最好的部位，在灯光的照射下，能展现出极为高品质的装饰效果。此外，贝壳马赛克没有辐射污染，并且装修后不会散发异味，因此是装饰室内墙面的理想材料。
玻璃马赛克	玻璃马赛克又叫玻璃锦砖或玻璃纸皮砖，一般由天然矿物质和玻璃粉制成，因此十分环保。而且还具有耐酸碱、耐腐蚀、不褪色等特点，非常适合运用在卫浴间的墙面上。玻璃马赛克的常见规格主要有 20mm×20mm、30mm×30mm、40mm×40mm，其厚度一般在 4~6mm 之间。
金属马赛克	金属马赛克是由不同金属材料制成的一种特殊马赛克，有光面和亚光面两种。材质又可分为不锈钢马赛克、铝塑板马赛克、铝合金马赛克。金属马赛克单粒的规格有 20mm×20mm、25mm×25mm、30mm×30mm 等，同一个规格可以变换成上百种品种，尺寸、厚度、颜色、板材、样式都可根据需要进行变换。
树脂马赛克	树脂马赛克是一种新型环保的装饰材料，在模仿木纹、金属、布纹、墙纸、皮纹等方面都惟妙惟肖，达到以假乱真的效果。其在形状上凹凸有致，能将图案丰富地表现出来，以达到其他材料难以表现的艺术效果。

玻璃材料

6.1 艺术玻璃

艺术玻璃是指通过雕刻、彩色聚晶、物理暴冰、磨砂乳化、热熔、贴片等众多工艺,让玻璃具有花纹、图案和色彩等效果。艺术玻璃的风格多种多样,作为室内装饰材料之一,在选购艺术玻璃时,艺术玻璃的颜色、图案和风格都要与家中的整体风格一致,这样才能使整体的装修效果更加完美。如地中海风格的空间可采用蓝白色小碎花样式的艺术玻璃装饰背景墙,而不能选用暗红色的艺术玻璃。

艺术玻璃的款式多样,具有其他材料没有的多变性。选购时最好选择经过钢化的艺术玻璃,或选购加厚的艺术玻璃,如 10mm、12mm 等厚度,以降低破损概率。艺术玻璃如需定制,一般需 10~15 天。定制的尺寸、样式的挑选空间很大,有时没有完全相同的样品可以参考,因此最好到厂家挑选,找出类似的图案样品参考,才不会出现想象与实际差距过大的状况。

△ 艺术玻璃在隔断空间的同时也是室内一道风景线

△ 中式风格空间中水墨山水画图案的艺术玻璃

6.2 烤漆玻璃

烤漆玻璃是一种极富表现力的装饰玻璃品种，可以通过喷涂、滚涂、丝网印刷或者淋涂等方式来表现外观效果。烤漆玻璃也叫背漆玻璃，分为平面烤漆玻璃和磨砂烤漆玻璃。它是在玻璃的背面喷漆，然后在 30℃ ~45℃ 的烤箱中烤 8~12 个小时制作而成的玻璃种类。众所周知，油漆对人体具有一定的危害性，因此烤漆玻璃在制作时一般会采用环保型的原料和涂料，从而大大地提升品质与安全性。

烤漆玻璃根据制作的方法不同，一般分为油漆喷涂玻璃和彩色釉面玻璃。在彩色釉面玻璃里面，又分为低温彩色釉面玻璃和高温彩色釉面玻璃。油漆喷涂的玻璃，刚用时色彩艳丽，多为单色或者用多层饱和色进行局部套色，常用在室内。在室外时，经风吹、雨淋、日晒之后，一般都会起皮脱漆。在彩色釉面玻璃上可以避免以上问题，但低温彩色釉面玻璃会因为附着力问题出现划伤、掉色现象。

烤漆玻璃的应用比较广泛，可用于制作玻璃台面、玻璃形象墙、玻璃背景墙、衣柜柜门等。除了在现代风格的室内环境中表现时尚感，也可根据需求定制图案后用于混搭风格和古典风格。

△　乳白色烤漆玻璃背景墙

△　绿色烤漆玻璃隔断

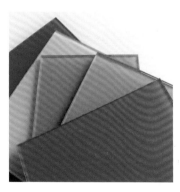
△　烤漆玻璃

△　红色烤漆玻璃背景墙

6.3 镜面玻璃

在室内墙面装饰中，镜面材料的装点及运用不仅能张扬个性，还能体现出一种具有时代感的装饰美学。在众多设计理念融合发展以后，越来越多的家居开始使用镜面元素装饰墙面。在面积较小的空间中，巧妙的在墙面上运用镜面材质，不仅能够利用光的折射增加空间采光，更能起到延伸视觉空间的作用。

△ 大块镜面有效扩大视觉空间

△ 餐厅运用镜面装饰墙面不仅寓意吉祥，而且也是一种借景入室的设计手法

常见镜面玻璃类型

类型		特点	参考价格（每平方米）
茶镜		给人温暖的感觉，适合搭配木饰面板使用，可用于各种风格的室内空间中。	190~260元
灰镜		适合搭配金属使用，即使大面积使用也不会过于沉闷，适合现代风格的室内空间中。	170~210元
黑镜		色泽给人以冷感，具有很强的个性，适合局部装饰于现代风格的室内空间中。	180~230元
银镜		指用无色玻璃和水银镀成的镜子，在室内装饰中最为常用。	120~150元
彩镜		色彩种类多，包括红镜、紫镜、蓝镜、金镜等，但反射效果弱，适合局部点缀使用。	200~280元

6.4 玻璃砖

　　玻璃砖是用透明或者有颜色的玻璃压制成块的透明材料，有块状的实心玻璃砖，也有空心盒状的空心玻璃砖。在多数情况下，玻璃砖并不作为饰面材料使用，而是作为结构材料。在室内空间中运用玻璃砖作为隔断，既能起到分隔功能区的作用，还可以增加室内的自然采光，同时又很好地保持了室内空间的完整性，并让空间更有层次，视野更为开阔。

　　选择玻璃砖最重要的一点是，它拥有良好的透光性，透明的玻璃砖可以将相邻空间的光线导入。适合光线不足的小空间，如厨房、卫生间、走道、玄关、衣帽间等。玻璃砖另一个受欢迎的特点是能够透光不透人。可以通过选择不同的清晰度和透明度来决定私密程度。除此之外，玻璃砖砌墙的隔音效果也不错，封闭的空间之间可以做到互不干扰。

△ 在狭长型的玄关或走廊采用玻璃砖作为墙壁隔断，增加采光量的同时又从视觉上拓展了空间效果

△ 利用玻璃砖隔断给原本没有自然采光的暗卫增加亮度

△ 彩色玻璃砖既具有很强的装饰效果，又可让盥洗台区域的视野更为开阔

地板材料

7.1 实木复合地板

实木复合地板是由不同树种的板材交错层压而成，一定程度上克服了实木地板湿胀干缩的缺点，具有较好的尺寸稳定性，并保留了实木地板的自然木纹和舒适的脚感。

实木复合地板按面层材料，可分为实木拼板作为面层的实木复合地板和单板作为面层的实木复合地板；按结构，可分为三层结构实木复合地板和以胶合板为基材的多层实木复合地板；按表面有无涂饰，可分为涂饰实木复合地板和未涂饰实木复合地板；按地板漆面工艺，可分为表层原木皮实木复合地板和印花实木复合地板。

实木复合地板的纹理多样，色彩也有多重的选择，具体应根据家庭装饰面积的大小而定。例如面积大或采光好的房间，用深色实木复合地板会使房间显得紧凑；面积小的房间，用浅色实木复合地板给人以开阔感，使房间显得明亮。

△　实木复合地板相比实木地板，更节省费用和安装时间

△　面积小的房间用浅色实木复合地板给人以开阔感

△　现代风格空间适合选择淡黄色、浅咖色之类的实木复合地板

7.2 强化复合地板

强化复合地板主要是由耐磨层、装饰层和高密度的基材层、平衡防潮层所组成的地板类型。与传统的木地板相比较，强化木地板的表面一层是由较好的耐磨层组成的，所以具有较好的耐磨、抗压和抗冲击力、防火阻燃、抗化学物品污染等性能。强化木地板的装饰层是由电脑模仿的，可以制作出各种类型的木材花纹，甚至还可以模仿出自然界所没有的独特的图案。此外，强化木地板的安装也是较为简单的，因为它的四周没有榫槽，因此在进行安装时，只需要将榫槽契合就可以了。

强化地板虽然有防潮层，但不宜用于浴室等潮湿的空间，为了追求装饰效果更加精美，以及设计的多样性，会将空间地面设计成拼花的样式，强化复合地板具有多种拼花样式，可以满足多种设计要求。如常见的"V"字形拼花木地板、方形的拼花木地板等。

△ 强化复合地板价格实惠，耐磨性高，适合装修预算不高的简约风格空间

📄 常见强化复合地板类型

类型		特点	参考价格
平面强化复合地板		最常见的强化复合地板，即表面平整无凹凸，有多种的纹理可以选择。	55~130元/m²
浮雕强化复合地板		地板的纹理清晰，凹凸质感强烈，与实木地板相比，纹理更具规律性。	80~180元/m²
拼花强化复合地板		有多种的拼花样式，装饰效果精美，抗刮划性很高。	120~130元/m²
布纹强化复合地板		地板的纹理像布艺纹理一样，是一种新兴的地板，具有较高的观赏性。	80~165元/m²

7.3 实木地板

实木地板是天然木材经烘干、加工后形成的地面装饰材料，又名原木地板，是实木直接加工成的地板。它呈现出的天然原木纹理和色彩图案，具有自然、柔和、富有亲和力的质感。

实木地板的油漆涂装基本保持了木材的本色韵味，色系较为单纯，大致可分为红色系、褐色系、黄色系，每个色系又分若干个不同色号，几乎可以与所有常见家具装饰面板相搭配。

实木地板根据材种可分为国产材地板和进口材地板：国产材常用的材种有桦木、水曲柳、柞木、枫木，进口材常用的材种有甘巴豆、印茄木、摘亚木、香脂木豆、蚁木、柚木、孪叶苏木、二翅豆、四籽木、铁线子等。根据表面有无涂饰，可分为漆饰地板和素板，现在最常见的是 UV 漆漆饰地板；按铺装方式可分为榫接地板、平接地板、镶嵌地板等，现在最常见的是榫接地板。

不同品牌的实木地板价格是不同的。同一品牌，不同的规格、材质，价格也不一样。特别是原木木材树种对价格影响较大，如橡木地板价格高于桦木地板。

常见实木地板类型

类型		特点
枫木		有一层淡淡的木质颜色，给人清爽、简洁的感觉；纹理交错，结构细而均匀，质轻而较硬。
橡木		具有自然的纹理和良好的触感，而且橡木地板的质地坚硬细密，使其防水性和耐磨性得以提高。
柚木		纹理表现为优美的墨线和斑斓的油影，表面含有很重的油脂，这层油脂使地板有很好的稳定性，防磨、防腐、防虫蛀。
重蚁木		是世界上质地最密实的硬木之一，硬度是杉木的三倍。光泽强、纹理交错、具有深浅相间条纹、艺术感强。
花梨木		具有清晰的纹理，触摸木地板表层有良好的质感。因其天然属性，质地坚实牢固，因此做成的花梨木地板使用年限长。因为原料稀少，所以价格较贵。
黑胡桃木		木纹美观大方，黑中带紫，典雅高贵。木纹比较深，要求透明底漆的填充性好，封闭性强。
香脂木豆		最大的特点是天然的香味，纹理非常美观，在横纹、竖纹之中带着斑斑点点，仿佛是一幅后现代派的油画大作。

7.4 竹木地板

竹木地板是以天然优质竹子为原料，经过二十几道工序，脱去竹子原浆汁，经高温高压拼压，再经过多层油漆，最后经红外线烘干而成。因其具有竹子的天然纹理，给人一种回归自然、高雅脱俗的感觉，适用于禅意家居和日式家居。

竹子因为导热系数低，自身不生凉放热，因此具有冬暖夏凉的特点。色差较小是竹材地板的一大特点。按照色彩划分，竹材地板可分为两种，一种是自然色，色差比木质地板小，具有丰富的竹纹，色彩匀称。自然色中又可分为本色和碳化色：本色以清漆处理表面，采用竹子最基本的色彩，亮丽明快；碳化色平和高雅，其实是竹子经过烘焙制成的，在凝重沉稳中依然可见清晰的竹纹。第二种是人工上漆色，漆料可调配成各种色彩，不过竹纹已经不太明显。

竹木地板的价格差异较大，300~1200 元 /m² 皆有；部分花色如菱形图案，是将条纹以倾斜角度呈现，会产生较多的损料，因此价格昂贵，约1200 元 /m²。加工程度越深，各方面性能越好，竹地板价格越高。比如碳化竹地板价格高于本色竹地板。

📄 常见竹木地板类型

类型		特点	价格
平压实竹地板		采用平压的施工工艺，使竹木地板更加坚固、耐划。	150~280 元 /m²
侧压实竹地板		采用侧压的施工工艺，这类地板的好处在于接缝处更加牢固，不容易出现大的缝隙。	130~250 元 /m²
实竹中横板		属于竹木地板的一种，其内部构造工艺比较复杂，但不易变形，整体的平整度较高。	80~200 元 /m²
竹木复合地板		表面一层为竹木，下面则为复合板压制而成。	75~160 元 /m²

7.5 亚麻地板

亚麻地板源于 100 多年前的古老配方和物理加工工艺，是由亚麻籽油、软木、石灰石、木粉、松香、天然树脂六种天然原材料经物理方法加工而成的，是一种特殊的地面装饰材料。与大理石、瓷砖相比它更具有弹性，属于弹性地材中的一种。天然环保是亚麻地板最突出的特点，产品生产过程中不添加任何增塑剂、稳定剂等化学添加剂，并且具有良好的耐烟蒂性能。亚麻地板很薄，热能在传递过程中损耗小，能高效发挥地面的供暖效果。亚麻地板受热不会变形、老化，原料不会释放有毒有害气体，特别适合用作地暖系统的表面地材饰面。

亚麻地板以卷材为主，是单一的同质透心结构，花纹和色彩由表及里纵贯如一。其施工价格主要包含以下几部分：面材、胶水、2~5mm 厚的自流平基层处理、人工费，其中面材为最重要部分。目前市场上亚麻地板价格和质量参差不齐，一般在 100~400 元 /m²，而价格与品牌、总厚度、耐磨层厚度等因素都有很大关系，应根据亚麻地板在不同空间使用的分级标准，选用适合的产品。

△ 亚麻地板适用于儿童房空间

7.6 拼花木地板

　　拼花木地板是采用同一树种的多块地板木材，按照一定图案拼接而成的地板材料，其图案丰富多样，并且具有一定的艺术性或规律性，有的图案甚至需要几十种不同的木材进行拼接，制作工艺十分复杂。拼花木地板的板材多选用水曲柳、核桃木、榆木、槐木、枫木、柚木、黑胡桃等质地优良、不易腐朽开裂的硬杂木材，具有易清洁、经久耐用、无毒无味、防静电、价格适中等特点。

常见拼花木地板样式

类型		特点
人字拼花		人字拼花是经典样式，因使地板曲折分布呈"人"字形而得名，有着很强的立体感优势。人字拼贴随着地板颜色的不用也会呈现出不同的效果，浅色木地板更加简单大方，而深色木地板更具复古感。
鱼骨拼花		鱼骨拼跟人字拼最核心的区别是单元块的形状。菱形单元的称作鱼骨纹，而矩形单元的则称为人字纹。
对角拼花		对角拼接有放大空间的视觉效果，仅仅是方向的改变，就让它们在纵向空间里产生了不小的区别。这种拼接方法非常适合小户型或户型不规则的居室。
方形拼花		正方形的拼花的空间适应能力很强，方块与方块紧密连接，一种严谨的美感在空间中爆发。

　　在施工时，普通地板铺装时要从屋子的一端开始铺，而拼花地板在铺装时需先用地面两条对角线交叉来找出中心点，从中间开始向四周铺装。到了边缘处，用同色或相近色的板材来进行衬托和收边，使得居室整个地面凸显出一个完整的图案。

如果空间的面积较大，可以在客厅的电视柜前、卧室的床前、餐厅正中及玄关等多处，铺装同一系列的单片或组合拼花地板，既能呼应家居风格，也能让空间显得雅致灵动。而对于一些面积较小的居室来说，可以选择在相对开阔和吸引眼球的位置铺装单片或一组拼花地板，为家居装饰起到画龙点睛的作用。

根据结构的不同，拼花木地板可以分为实木拼花地板、复合拼花地板、多层实木拼花地板等。按表面工艺的差异其可分为曲线拼花、直线拼花、镶嵌式拼花地板等。极具装饰感的拼花木地板摆脱了以往木地板给人呆板的印象。因拼装地板的外形富有艺术感，可以根据自己的需求设计图案，颇具个性，因此非常适合运用在追求装饰效果的家居空间中。

△ 拼花地板的花纹图案可以让空间看起来更加具有立体感，起到视觉的延伸和冲击的作用

📋 常见拼花木地板工艺类型

类型		特点
直线拼花木地板		直线拼花木地板是用剪切好的木片直接拼接造型，根据不同木材的颜色、纹路，拼出多种造型，具有精致多彩的装饰效果。直线拼花木地板适合在面积较大的空间里使用。
曲线拼花木地板		曲线拼花是采用电脑雕刻技术，预先在电脑中设计出拼花造型，再用电脑雕刻出精细花纹的地板。曲线拼花造型复杂，美丽多变，非常适合室内小面积的铺设，而且可搭配常规地板进行铺设，雍容典雅，富贵大方。
镶嵌式拼花木地板		镶嵌式拼花木地板由不同材质、不同颜色的木皮，按照一定的图案拼接而成。这些图案风格各异，或对称，或抽象，立体感十足。镶嵌式拼花木地板以精致的外表、细腻的表达方式，以及独特的装饰效果大大地增强了家居空间的设计品位。

线条材料

8.1 石膏线条

石膏线条是指将建筑石膏料浆，浇注在底模带有花纹的模框中，经抹平、凝固、脱模、干燥等工序，加工而成的装饰线条。石膏线的特点除了色彩呈白色外，还有一个明显的优势就是它的石膏表面非常的光滑细腻，因为它本身的物理特性——微膨胀性，所以在使用过程中不会造成裂纹；还因为石膏材质的内部充满了大大小小的空隙，所以它的保温以及绝热性能非常优秀。石膏线条生产工艺很简单，表面可以设计出各种美观的花纹，可做顶面角线、腰线、各类柱式或者墙壁的装饰线条，常用于欧式风格的装饰空间。

一般来说，石膏线条的规格分宽、窄等几个规格。宽规格的石膏线条的厚度通常为 150mm、130mm、110mm、100mm 等，长度有 2.5m、3m、4m、5m 不等。窄规格的石膏线条通常为 40mm、50mm、60mm 等多种厚度，长度一般为 2.5~3m。宽石膏线条主要用于吊顶四周边面的装饰，窄石膏线条主要与宽石膏装饰线条配合使用。目前市场上常见的石膏线条主要有纤维石膏线，纸面石膏线，石膏空心条板，装饰石膏线等种类。

一般石膏线条是在水电完成之后，墙面刮泥子之前进行安装粘贴。因为石膏线条的固定一般都是以粘粉、粘接为主，其他固定为辅，对于基层的要求比较高。

△ 石膏线条装饰的造型不仅丰富了顶面的立体感，而且艺术感十足

△ 背景墙上的石膏线条装饰框让墙面更加立体

△ 顶面的石膏线条造型实现现代与简欧元素的融合

8.2 木线条

木线条是选用质硬、耐磨、耐腐蚀、切面光滑、黏结性好、钉着力强的木材，经过干燥处理后，用机械加工或手工加工而成的室内装饰材料。常用的木材有白木、栓木、枫木和橡木等。可用作各种门套的收口，天花角线、墙面装饰造型线条等。木线条按材质可分为密度板线条、贴木皮复合线条、实木线条等。

木线条上的棱角和棱边、弧面和弧线，既挺直又轮廓分明。此外，还可以将木线条漆成彩色以及保持木纹本色，或进行对接、拼接，弯曲成各种弧度，不仅极大地提升墙面的装饰效果，还间接性为背景进行了完美的收口。

如果想在新中式风格的顶面空间设计多层吊顶，可以利用木线条作为收边，并在顶面设置暗藏灯光装饰，这样的设计能在视觉上加强顶面空间的层次感。如吊顶面积较大，还可以在吊顶中央的平顶部位安装木线条，不仅有良好的装饰效果，而且能避免因顶面空间大面积的空白而带来的空洞感。

如果使用木线条装饰墙面，可进行局部或整体设计，可以搭配的造型也十分丰富，如做成装饰框或按序密排。在墙上安装木线条时，可使用钉装法与黏合法。施工时应注意设计图样制作尺寸正确无误，弹线清晰，以保证安装位置的准确性。

△ 木线条装饰框

对于木线条的固定方法最好就是用胶固定，以增强牢固性，如果用钉接则最好用射钉枪，安装要精准，还要注意保持美观，不能有太多钉眼，或者是钉在木条凹槽、背视线面一侧。

△ 利用木线条作为墙面上两种材质交接处的收口材料

8.3 PU 线条

PU 线条是指用 PU 合成原料制作的线条，其硬度较高且具有一定的韧性，不易碎裂。相比于 PVC 线条，PU 线条的表面花纹可随模具的精细度做到非常精致、细腻，还具有很强的立体效果。PU 线条一般以白色为基础色，在白色基础上可随意搭配色彩，也可做贴金、描金、水洗白、彩妆、仿古银、古铜等特殊效果。

传统的石膏线条，本身的图案较为单一，不适合用在复杂的造型。而 PU 线条可选择各种漂亮的花纹图案，可呈现出更好的装饰效果。此外，PU 线条重量轻，固定可以采用很多种方法，施工很简单，而且有专用的转角，接缝可以完美匹配。

除了代替石膏线条用作吊顶装饰之外，用 PU 线条装饰框作为墙面装饰是较为常用的手法。框架的大小可以根据墙面的尺寸按比例均分。线条装饰框的款式有很多种，造型纷繁的复杂款式可以提升整个空间的奢华感，简约造型的线条框则可以让空间显得更为简单大方。注意类似这样的线条造型，需在水电施工前设计好精确尺寸，以免后期面板位置与线条发生冲突。

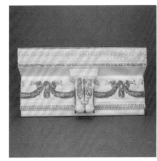

△ PU 线条的花纹图案更具装饰效果

△ PU 线条墙面装饰框

8.4 金属线条

一般的室内墙面装饰线条多以石膏线条、木质线条等常见的装饰线条为主，而随着轻奢风的流行，如今金属线条装饰已逐渐成为新的主流。

金属线条主要包括铝合金和不锈钢两种：铝合金线条比较轻，耐腐蚀也耐磨，表面还可以涂上一层坚固透明的电泳漆膜，涂后更加美观；不锈钢线条表面光洁如镜，相对于铝合金线条具有更强的现代感。

将金属线条镶嵌在墙面上，不仅能衬托出强烈的空间层次感，在视觉上同样营造出极强的艺术张力，同时还可以突出墙面的线条感，增加墙面的立体效果。

金属线条颜色种类很多，如果是轻奢风格空间，对于金属线条的选择，最好采用玫瑰金或者金铜色。此外，金属线条在新中式空间中出现的频率也很高。

在硬装中，金属线条多应用在吊顶、墙面装饰等处，与吊顶搭配，可增加品质感；与墙面搭配，可增加层次感。在软装中，金属线条小到装饰品，大到柜体定制都可以应用。

△ 现代风格空间经常利用金属线条作为墙面造型的收口材质

△ 金属线条为中式风格空间注入轻奢的气质

△ 轻奢风格空间适合采用玫瑰金色的金属线条

8.5 波打线

波打线又称为波导线或边线等，是地面装饰的走边铺材，颜色一般较深，上面会有比较复杂的图案设计，通常安装在客厅、过道以及餐厅空间的地面上。波打线的花样及款式非常丰富，因此在地面设计波打线，能让空间显得更加丰富灵动。如能将波打线与吊顶设计成相互呼应的造型，还可以让整个空间显得更有立体感。

波打线不仅能包围区域，还能用来接缝，在瓷砖铺到边缘的时不完整了，就可以用一圈波打线进行装饰。在大面积、多款式的瓷砖铺贴时，波打线也可以起到过渡的作用。此外，过道使用波打线，视觉上可起到拉长和延伸的效果。

波打线的材质有很多种，如石材、瓷砖、马赛克、玻璃、金属等，比较常用的是石材和瓷砖波打线。在选色上，波打线一般会比地面颜色深，具体尺寸应该根据房间的大小而定，其宽度一般有 10cm、12cm、15cm 等四种。

若使用量比较大，可以根据自己的需求去定制。一般情况下，空间小就使用较小的波打线，空间大则用大一点的尺寸。否则波打线规格和房间大小不协调，就会感觉突兀怪异，影响美观。

△ 波打线与吊顶形成造型上的呼应

△ 石材波打线

△ 瓷砖波打线

△ 马赛克波打线

△ 过道上使用波打线具有延伸视觉空间的效果

类型		特点
单层波打线		如果家居中铺贴的是较为单一的瓷砖，又不想增加复杂的拼花或铺贴效果，不妨增加一条简约的单层波打线。单层波打线不仅应用广泛，经典百搭，而且能为空间增添别致的感觉。
双层或多层波打线		双层或多层波打线摆脱了传统的单边设计，将波打线改为两条或者三条的组合，能让地面效果更富于变化，更具视觉美感。这类波打线几乎每个空间都能应用，而且可以搭配不同粗细的波打线应用，造型也十分多变。
花纹波打线		如果空间足够大，可以将波打线设计为拼花或者特殊的铺贴方式，丰富的花纹、复古的造型，装饰效果更佳。除了单纯的仿石纹理波打线，也可以选用纹理更为繁复美艳的复古波打线，让空间跳跃并富有生气。
不规则波打线		波打线不一定就是四平八方的细小边线，不规则波打线在走边形状或者厚度上打破常规，富于变化，显得更为灵动多变。圆形的外边线配合弧形的内边线，制造出惊艳的装饰效果。

波打线更适合空间格局比较宽敞的户型，装饰效果突出，如果户型面积较小，则不宜设置波打线，否则家具的摆放会挡住波打线，不仅发挥不出其应有的作用，而且会让空间看起来更为狭小局促。装饰前，可在设计效果图上标出波打线的颜色、铺贴方式等，提前了解展示效果。一般来说，波打线是沿着房间地面的四周连续铺设的，因此应首先铺好地砖，再做波打线找齐工作，最后再铺贴波打线。

△ 波打线适合运用在面积较大的空间地面

家具材料

9.1 皮质家具

皮质沙发是现代家庭中运用较多的家具。很多皮质沙发并不是全皮，通常是与人体接触部位为真正皮质，其余部分是配料革，只是颜色与皮质部分非常接近，如果整个沙发全部是皮质组成，则价格较高。由于皮质沙发通常体积较大，外形厚重，因此比较适宜摆放在面积较大的客厅。随着人们的审美以及现代制作工艺的提升，皮质家具在款式、材质、尺寸、风格等方面都有了很大的提高。

皮质家具根据原材料的不同可分为真皮、人造皮两种。真皮家具纹路清晰、质感柔和、光洁度高而且十分细腻。人造皮是用 PVC 塑料制作而成的皮质材料，虽然其质感和色彩没有真皮自然，但在价格上较为实惠。皮质家具还可分为亚光皮家具和亮面皮家具，哑光皮既有皮料应有的质感，又能在隐约浮现的光泽中体会到轻奢的味道。而亮面皮则会呈现出迷人的光泽，能让室内空间充满个性。

△ 轻奢风格家居中的皮质家具在保持它豪华的气质以外，还融合了各种丰富的设计元素

△ 哑光皮家具

△ 亮面皮家具

△ 工业风格的皮质家具表面带有磨旧的质感，更好地表现复古的感觉

9.2 布艺家具

布艺沙发是应用最广的沙发类型，其最大的优点就是舒适自然，休闲感强，容易令人体会到家居放松的感觉，可以随意更换喜欢的花色和不同风格的沙发套，而且清洗起来也很方便。布艺以其柔软的触感，缤纷的色彩，为室内空间营造出独有的温馨氛围。而且由于布料在图案以及色彩上的可塑性非常强，因此可以满足各种风格的搭配需求。现代简约、田园、新中式或者是混搭风格空间都可以选用布艺家具。

△ 英式风格手工布艺沙发

📄 布艺家具材质类型

类型		特点
麻布家具		麻布家具的质感紧密而不失柔和，软硬适中，具有一种古朴自然的气质。
混纺布艺家具		混纺布艺家具可以呈现出丝质、绒布、麻料的视觉效果。
纯棉类家具		纯棉类的布艺家具透气性较好，贴近皮肤而且自然环保，是目前市场占有率最广的款型。
绒布家具		绒布家具的沙发质地柔软，手感舒滑且富有弹性但是价格要略贵一些。

9.3 金属家具

金属家具是以金属材料为架构，配以布艺、人造板、木材、玻璃、石材等制造而成，也有完全由金属材料制作的铁艺家具。金属家具结构形式丰富多样，通过冲压、锻、铸、模压、弯曲、焊接等加工工艺可获得各种造型。并用电镀、喷涂、敷塑等工艺进行表面处理和装饰，让其呈现出更为精致的视觉效果。

现代金属家具的主要构成部件大都采用厚度为1~1.2mm的优质薄壁碳素钢不锈钢管或铝金属管等制作。由于薄壁金属管韧性强，延展性好，设计时尽可发挥设计师的艺术匠心，加工成各种曲线多姿、弧形美丽的造型和款式。许多金属家具形态独特，风格前卫，展现出极强的个性化风采，这些往往是木质家具难以比拟的。

△ 异形金属茶几

△ INS 风镂空铁丝网椅

△ 体现复古风情的铁艺床

　　厚度是选购金属家具时的参考条件之一。质量好的金属家具，其厚度一般在 1.2~2.5mm，如果低于这个标准，在日后的使用寿命以及安全性上都较低。此外，金属家具的镀铬要清新光亮，烤漆要色泽丰润。在购买时，要看其是否有锈斑、掉漆、碰伤、划伤等现象。由于有的金属材质受潮易氧化，因此选购时，应向商家询问是否经过防潮处理。而钢木结合的金属家具，还要注意木材的品质和环保性。

9.4 玻璃家具

玻璃家具一般选用高强度的玻璃为主要材料，配以木材、金属等辅佐材料制作而成，看起来薄而轻，晶莹剔透的感觉，非常的时尚。相比于其他材质类的家具，玻璃材质的家具更容易制作出各式各样的优美造型，给人以视觉的艺术享受。搭配玻璃家具时，要先看其款式是否能与家居的装饰风格相搭配。例如一张玻璃茶几，如果是张扬抽象的不规则形状，将其搭配在装饰艺术风格的空间里，会带来意想不到的装饰效果。如果是规规矩矩的方形、圆形，则更适合运用在简约风格的空间中。

△ 玻璃餐桌

△ 玻璃茶几

玻璃家具材质类型

类型	特点
玻璃板	玻璃片加以磨光及擦亮，使之透明光滑，即为玻璃板，高级玻璃板表面不具波纹，以其制成的家具品质感更佳。
弯曲玻璃	弯曲玻璃是指将玻璃置于模具上，经加热后依玻璃本身的重量而弯曲，再经徐冷后而制成。弯曲的造型能让玻璃家具显得更富艺术感。
有色玻璃	有色玻璃即含有金属氧化物的玻璃，不同的金属氧化物能赋予玻璃家具不同的色彩，具有丰富室内视觉效果的作用。
强化玻璃	强化玻璃的强度约为普通玻璃的 5 倍，以其制成的家具被外力破坏时，会分解为豆粒大的颗粒，能减少对人体的伤害，同时还能承受温度的急速变化。
立体玻璃	立体玻璃是在平板玻璃表面，采用喷涂工艺配以相关技术，使玻璃呈现立体效果。通常适用于餐桌、橱柜以及衣柜门的设计等。

9.5 板式家具

板式家具是指以人造板为主要基材、以板件为基本结构的拆装组合式家具。常见的人造板材有胶合板、细木工板、刨花板、中纤板等。胶合板常用于制作需要弯曲变形的家具；细木工板的性能有时会受板芯材质影响；刨花板材质疏松，仅用于低档家具。性价比最高、最常用的是中密度纤维板。板式家具常见的饰面材料有薄木、木纹纸、PVC 胶板、聚酯漆面等。

板式家具相对来说不易发生变形、断裂现象。优质的成品板材密度高，结构紧密，物理性能稳定。板式家具不易变形，其抗弯力不亚于甚至有些高于纯木材。人造板材对原木的使用率高，因此价格要比天然木材便宜。人造板材基本采用的都是木材的边角余料，节约了有限的自然资源，因此板式家具的价格一般远远低于实木家具的价格。

△ 板式家具在色彩上更加多变，舒适实用的同时又富有人性化的艺术美感

△ 轻奢风格家居强调线条感，适合搭配加入金属元素的板式家具

板式床是指基本材料采用人造板，使用五金件连接而成的家具，一般款式简洁，简约个性的床头比较节省空间。板式床的价格相对其他类型便宜一些，而它的颜色和质地主要依靠贴面的效果，因此这方面的变化很多，可以给人以各种不同的感受，十分适合小居室。

△ 板式家具崇尚简约之美，因而在工艺方面也极力使线条简洁流畅

9.6 实木家具

实木家具表面一般都能看到木材真正的纹理，偶有树结的板面也体现出清新自然的气质。实木家具可分为纯实木家具与仿实木家具。

纯实木家具的所有用料都是实木，如座面、靠背、桌面，以及衣柜的门板、侧板等不使用其他任何形式的人造板，均采用实木制成。纯实木家具的选材、烘干、指接、拼缝等要求都很严格，如果哪一道工序把关不严，小则出现开裂、接合处松动等现象，大则整套家具变形，以至无法使用。

仿实木家具从外观上看像是实木家具，而且木材的自然纹理、手感及色泽都和实木家具十分接近，但实际上是实木和人造板混用的家具。即侧板顶、底、搁板等部件用薄木贴面的刨花板或中密度板纤维板。这种制作工艺不仅节约了木材，降低了成本，而且其整体呈现出的效果也十分出众。

用于制作实木家具的木材种类十分丰富，并且世界各地均有出产。主要的种类有紫檀、黄花梨、酸枝木、柚木、胡桃木、水曲柳、榆木、枫木、桦木、樟木、松木、杉木等。每种树材都有各自不同的特点，以不同树材制作而成的家具，在装饰效果上各有优势，而且价格差异也较大。

△ 实木家具

△ 中式实木雕花家具

△ 仿实木家具

9.7 藤质家具

藤是生长在热带雨林的蔓生植物，质轻而坚韧，可编织出各种形态的家具。藤制最大的特色是吸湿、吸热、透气、防虫蛀以及不会轻易变形和开裂等。其色泽素雅、光洁凉爽，无论置于室内或庭院，都能给人以浓郁的自然气息和清淡雅致的情趣。

按藤材料结构的不同，可将藤质家具分为藤皮家具、藤芯家具、原藤条家具、磨皮藤条家具等。

藤质家具在制作过程中，还可以辅之柳条、芦苇、灯芯草、稻草等其他攀缘植物的杆径，还有竹、木质材料、金属、玻璃、塑料、皮革、棉麻等。为了保证藤资源的可持续利用，还可以利用塑料、树脂等合成具有藤材外观的复合材料，用以代替天然的藤原料，来设计制作藤艺家具。这类家具一般可称为仿藤家具或者塑料藤家具。

△ 藤质餐椅与水泥桌面的搭配带来返璞归真、崇尚自然的意境

△ 藤质家具是地中海风格空间常见的家具类型之一，适合表现清新自然的特点

△ 庭院或是阳台花园中摆设自然纯朴的藤制家具，给人一种休闲舒适感

常见藤质家具类型

类型	特点
藤皮家具	是指外表以藤皮为主要原料的家具，其骨架多为藤条，具有质地光滑、图案感强等特点。
藤芯家具	是以藤芯为主要原料加工而成的家具，其表面肌理粗糙，整体形象饱满充实，有着不经修饰的自然美感。
原藤条家具	指以不经特殊处理的原藤条材质，直接加工而成的家具。此类家具朴实无华，具有浓厚的田园气息。
磨皮藤条家具	由磨去表面蜡质层后的藤条加工而成。由于这类表面易于涂饰，因此色彩搭配较为丰富。

灯具材料

10.1 铜灯

铜灯是指以铜作为主要材料的灯饰，包含紫铜和黄铜两种材质。铜灯是使用寿命最长久的灯具，处处透露着高贵典雅，是一种非常贵族的灯具。铜灯的流行主要是因为其具有质感、美观的特点，而且一盏优质的铜灯是具有收藏价值的。从古罗马时期至今，铜灯一直是皇室威严的象征，欧洲的贵族们无不沉迷于铜灯这种美妙金属制品的隽永魅力。

纯铜塑形很难，因此很难找到百分百的全铜灯，目前市场上的全铜灯多为黄铜原材料按比例混合一定量的其他合金元素，使铜材的耐腐蚀性、强度、硬度和切削性得到提高，从而做出造型优美的铜灯。

△ 全铜台灯

△ 全铜吊灯

📄 常见铜灯类型

类型	特点
欧式风格铜灯	对于欧式风格来说，铜灯几乎是百搭的，全铜吊灯及全铜玻璃焊锡灯都适合。
美式风格铜灯	主要以枝形灯、单锅灯等简洁明快的造型为主，质感上注重怀旧，灯具的整体色彩、形状和细节装饰都无不体现出历史的沧桑感。
现代铜灯	可以选择造型简洁的全铜玻璃焊锡灯，玻璃以清光透明及磨砂简单处理的为宜。
英式风格铜灯	黄铜似乎是英国人最喜欢使用的金属，因此，也常常将其运用到家居环境中，如以黄铜和紫铜为材质的吊灯、壁灯和台灯等是英式风格的典型灯具。
新中式风格铜灯	应用在新中式风格的铜灯往往会加入玉料或者陶瓷等材质。

10.2 水晶灯

水晶灯饰起源于欧洲 17 世纪中叶的洛可可时期。当时，欧洲人对华丽璀璨的物品及装饰尤其向往，水晶灯便应运而生，并大受欢迎。水晶灯是指由水晶材料制作成的灯具，主要由金属支架、蜡烛、天然水晶或石英坠饰等共同构成。由于天然水晶的成本太高，如今越来越多的水晶灯原料为人造水晶。世界上第一盏人造水晶的灯具为法国籍意大利人贝尔纳多·佩罗托（Bernardo Perotto）于1673 年创制。

由于水晶灯的装饰性很强，具有奢华高贵的视感，因此在新古典风格的空间中常选用水吊灯作为照明及装饰。

为室内搭配水晶灯时，应根据空间的大小及结构进行选择。一般 20~30m² 的客厅，适合选择直径在 1m 左右的水晶灯。如果想在卧室里搭配水晶灯，可以选择具有温馨安逸气质的简约吊式水晶灯。

△ 璀璨耀眼的水晶灯衬托出法式风格的华贵典雅

△ 灵感源自欧洲古代的烛台灯体现出的优雅隽永的气度

📄 水晶灯选购方法

检查内容	选购方法
水晶灯镀金层	首先要看一下水晶的镀金层，一般质量好的水晶灯的金属配件大多都是 24K 金的，可以好几年不变色，并且不会出现生锈的情况。但是如果是质量比较差的水晶灯使用一段时间之后，就会失去光泽。
水晶灯支架	一般质量好的水晶灯支架的质量通常也较好，而质量比较差的水晶灯支架容易出现锈斑。在购买时可以仔细检查一下，如果有生锈的迹象，应慎重购买。
水晶纯度	注意观察每个水晶球的纯度和切割面，检查内容包括水晶球是否有裂纹、是否存在气泡，切割面是否平整光滑等。
垂饰规格	质量好的水晶灯，水晶球的大小必须要统一，而垂饰的规格也应均匀分布。一些伪劣水晶灯容易出现垂饰磨损、大小不一的情况。

10.3 铁艺灯

在中世纪的欧洲教堂和皇室宫殿中，因为灯泡还没有发明出来，所以用铁艺做成灯具外壳的烛台灯是贵族的不二选择。随着电灯的出现，欧式古典的铁艺烛台灯不断发展，依然采用传统古典的铁艺，但是灯源却由蜡烛变成了用电源照明的灯泡，形成更为漂亮的欧式铁艺灯。这类吊灯应用在法式风格的空间中，更能凸显庄重与奢华感。

铁艺灯的主体是由铁和树脂两个部分组成，铁制的骨架能使它的稳定性更好，树脂能使它的造型塑造得更多样化，还能起到防腐蚀、不导电的作用。铁艺灯有很多种造型和颜色，并不只是适合于欧式风格的装饰。

有些铁艺灯采用做旧的工艺，给人一种经过岁月的洗刷的沧桑感，与同样没有经过雕琢的原木家具及粗糙的手工摆件是最好的搭配，也是地中海风格和乡村田园风格空间中的必选灯具。例如摩洛哥风灯独具异域风情，如果把其运用在室内，很容易就能打造出独具特色的地中海民宿风格。铁艺制作的鸟笼造型灯饰有台灯、吊灯、落地灯等形式，是新中式风格中十分经典的元素，可以给整个空间增添鸟语花香的氛围。

△ 中式铁艺鸟笼灯

△ 做旧的铁艺吊灯体现地中海风格质朴的特点

△ 欧式古典风格铁艺烛台灯

10.4 玻璃灯

以玻璃为材质的灯具有着透明度好、照度高、耐高温性能优异等优点。玻璃灯的种类及形式都非常丰富，为整体搭配提供了很大的选择范围。

玻璃灯常见的有彩色玻璃灯具和手工烧制玻璃灯具。手工烧制玻璃灯具，通常指一些技术精湛的玻璃师傅通过手工烧制而成的灯具，业内最为出名就数意大利的手工烧制玻璃灯具。彩色玻璃灯是用大量彩色玻璃拼接起来的灯具，其中最为有名的就数蒂芙尼（Tiffany）灯具。

蒂芙尼灯具，是指专门使用彩色玻璃制作而成的灯具，且必须按照灯饰的模具图案来进行制造。蒂芙尼灯具的风格较为粗犷，风格与油画类似，最主要特点是可制作不同的图案，即使不开灯都仿佛是一件艺术品。

△ 玻璃球泡泡灯具

△ 彩色玻璃灯

△ 蒂芙尼灯具

△ 手工烧制玻璃灯具

如果是单纯的作为室内照明，可选择透明度高的纯色玻璃灯，不仅大方美观，而且也能提供很好的照度。如需利用玻璃灯作为室内的装饰灯具，则可以选择彩色的玻璃灯，不仅色彩丰富多样，而且能为空间制造出纷繁却又和谐统一的氛围。

10.5 纸质灯

纸灯的设计灵感来源于中国古代的灯笼，因此不仅饱含中国传统的设计美感，而且还具有其他材质灯饰无可比拟的轻盈质感和可塑性。纸灯的优点是重量较轻、光线柔和、安装方便而且容易更换等。纸质灯造型多种多样，可以跟很多风格搭配出不同效果。一般多以组群形式悬挂，大小不一错落有致，极具创意和装饰性。纸灯的儒雅气质还能为室内空间带来浓郁的文化气息。

纸灯也是日本早期非常具有代表性的灯具，日式纸灯受到了中国古代儒家以及禅道文化的影响，传承了中国古代纸灯的文化美学理念，结合了日本的本土文化，逐渐演变而来。在日本文化中，明和善是神道哲学的主要内容，这时期的纸灯也更加体现出了对这一文化的尊重。日式纸灯主要由纸、竹子、布等材料制作而成。纸灯的形状、颜色以及繁与简之间的变化体系都与中式纸质灯有着很大的区别。

△ 纸质落地灯

△ 组群形式高低错落悬挂的纸质灯

△ 纸灯适合营造淡淡的禅意氛围

布艺材料

11.1 床品材料

床品除了具有营造各种装饰风格的作用外，选择合适的床品材料还能起到适应季节变化、调节心情的作用。

常见床品材料类型

类型	特点
纯棉床品	纯棉手感好，使用舒适，带静电少，是床上用品广泛采用的材质。由于纯棉床品容易起皱，易缩水，弹性差，耐酸不耐碱，不宜在100℃以上的高温下长时间处理，所以在熨烫时进行喷湿处理，会更易于熨平。每次使用后都用蒸汽熨斗将产品熨平，效果会更好。
涤棉床品	涤棉是采用65%涤纶、35%棉配比的涤棉面料，分为平纹和斜纹两种。平纹涤棉布面细薄，强度和耐磨性都很好，缩水率极小，制成产品外形不易走样，且价格实惠，耐用性能好；斜纹涤棉通常比平纹密度大，所以显得密致厚实，表面光泽、手感都比平纹好。
棉麻床品	棉麻就是棉和麻的混纺织物，结合了棉、麻材料各自的优点。棉与麻都来自纯天然，不仅对肌肤无任何刺激，而且还能缓解肌肉紧张，有益睡眠。由于亚麻的纤维是中空的，富含氧气，使厌氧菌无法生存，所以具有抑制细菌和真菌的效果。而棉纤维具有较好的吸湿性，纤维可向周围的大气中吸收水分，所以在接触人的皮肤时，能使人感到柔软而不僵硬。
真丝床品	真丝面料的床品外观华丽、富贵，有天然柔光及闪烁效果，而且弹性和吸湿性比棉质床品好，但易脏污，对强烈日光的耐热性比棉差。由于真丝面料的纤维横截面呈独特的三角形，局部吸湿后对光的反射发生变化，容易形成水渍且很难消除，以真丝面料制成的床品在熨烫时要垫白布。

11.2 窗帘材料

窗帘是室内软装配饰重点之一，并且常作为空间中最为显眼的装饰焦点。不同材料的窗帘价格差别很大，窗帘布艺按材质可分为棉质、麻质、纱质、丝质、雪尼尔、植绒、人造纤维等。棉、麻是窗帘布艺常用的材料，易于洗涤和更换。一般丝质、绸缎等材质比较高档，价格相对较高。

📄 常见窗帘材料类型

类型		特点
棉质窗帘		棉质属于天然的材质，由天然棉花纺织而成，吸水性、透气性佳，触感很棒，染色色泽鲜艳。缺点是容易缩水，不耐于阳光照射，长时间下棉质布料较于其他布料容易受损。
亚麻窗帘		亚麻属于天然材质，由植物的茎干抽取出纤维所制造成的织品，通常有粗麻和细麻之分，粗麻风格粗犷，而细麻则相对细腻一点。亚麻制作的窗帘有着天然纤维富有自然的质感，染色不易，所以天然麻布可选的颜色通常很少。
纱质窗帘		纱质窗帘装饰性强，透光性能好，能增强室内的纵深感，一般适合在客厅或阳台使用。但是纱质窗帘遮光能力弱，不适合在卧室使用。
丝质窗帘		丝质属于纯天然材质，是由蚕茧抽丝做成的织品。其特点是光鲜亮丽，触感滑顺，十分具有贵气的感觉。纯丝绸价格较昂贵，现在市面上有较多混合丝绸，功能性强，使用寿命长，价格也更便宜一些。
雪尼尔窗帘		雪尼尔窗帘有很多优点，不仅具有本身材质的优良特性，而且表面的花形有凹凸感，立体感强，整体看上去高档华丽，在家居环境中拥有极佳的装饰性，散发着典雅高贵的气质。
植绒窗帘		很多别墅、会所想营造奢华艳丽的感觉，而又不想选择价格较贵的丝质、雪尼尔面料，可以考虑价格相对适中的植绒面料。植绒窗帘手感好，挡光度好，缺点是特别容易挂尘吸灰，洗后容易缩水，适合干洗。
人造纤维窗帘		人造纤维目前在窗帘材质里是运用最广泛的材质，功能性超强，如耐日晒、不易变形、耐摩擦、染色性佳等。

11.3 地毯材料

　　地毯不仅是提升空间舒适度的重要元素，其色彩、图案、质感也在不同程度上影响着空间的装饰主题。地毯的材质很多，一般有纯毛、混纺、化纤、真皮、麻质等六种，不同的材质在视觉效果和触感上自然也是各有千秋。

常见地毯材料类型

类型		特点
化纤地毯		化纤地毯分为两种：一种使用面主要是聚丙烯，背衬为防滑橡胶，价格与纯棉地毯差不多，但花样品种更多；另一种是仿雪尼尔簇绒系列纯棉地毯，形式与其类似，只是材料换成了化纤，价格便宜，但容易起静电。
羊毛地毯		羊毛地毯一般以绵羊毛为原料编织而成，最常见的分拉毛和平织的两种。羊毛地毯拥有舒适的触感，非常轻易就能带来饱满充盈的感觉，而且能提升空间的温暖指数，通常多用于卧室或更衣室等私密空间。
混纺地毯		混纺地毯是由纯毛地毯中加入了一定比例的化学纤维制成。在花色、质地、手感方面与纯毛地毯差别不大。装饰性不亚于纯毛地毯，且克服了纯毛地毯不耐虫蛀的特点。
真丝地毯		真丝地毯是手工编织地毯中最为高贵的品种。真丝的质地光泽度很高，并且特别适合在夏天使用。目前市场上一些昂贵地毯上的图案用真丝制成，而其他部位仍然由羊毛编织。
真皮地毯		真皮地毯一般指皮毛一体的地毯，例如牛皮、马皮、羊皮等，使用真皮地毯能让空间具有奢华感。此外，真皮地毯由于价格昂贵，还具有很高的收藏价值。
麻质地毯		麻质地毯分为粗麻地毯、细麻地毯以及剑麻地毯，拥有极为自然的粗犷质感和色彩，是一种具有质朴感和清凉气息的软装配饰
碎布地毯		碎布地毯是性价比最好的地毯，材料朴素，所以价格非常便宜，花色以同色系或互补色为主色调，清洁方便，放在玄关、更衣室或书房中不失为物美价廉的好选择。

11.4 抱枕材料

抱枕主要由内芯和外包两个部分组成，通常内芯材料注重舒适度，而外包材料则注重与沙发以及家居空间的融合度。此外，还可以根据家居风格为抱枕设计不同的缝边花式，让抱枕在家居空间中的装饰效果显得更加饱满。

📑 抱枕外包材料类型

纯棉		纯棉面料是以棉花为原料，经纺织工艺生产的面料。以纯棉作为外包材料的抱枕，其使用舒适度较高。但需要注意的是，纯棉面料容易发生折皱现象，在使用后最好将其处理平整。
蕾丝		蕾丝材料在视觉上会显得比较薄，即使是多层的设计也不会觉得很厚重，因此以蕾丝作为包面的抱枕可以给人一种清凉的感觉，并且呈现出甜美优雅的视觉效果。
亚麻		以亚麻作为外包材料制作而成的抱枕，具有清凉干爽的特点。此外，亚麻材质虽然表面的纹理感很强，在触摸会有比较明显的凹凸感，但不会感觉到粗糙扎手，因此能够让抱枕呈现出自然且独特的气质。
聚酯纤维		聚酯纤维面料是以有机二元酸和二元醇缩聚而成的合成纤维，是当前合成纤维的第一大品种，又被称之为涤纶。将其作为抱枕的外包材料，结实耐用，不霉不蛀。
桃皮绒		桃皮绒是由超细纤维组成的一种薄型织物，由于其表面并没有绒毛，因此质感接近绸缎。又因其绒更短，表面几乎看不出绒毛而皮肤却能感知，手感和外观更细腻而别致，而且无明显的反光。

📑 抱枕内芯材料类型

PP棉		相对于其他的抱枕填充物来说，PP棉不仅柔软舒适，价格比较便宜，而且还有着易清洗晾晒，手感蓬松柔软等特点，因此是目前市场上作为抱枕芯最多的一种填充物。
羽绒		羽绒属于动物性蛋白质纤维，其纤维上密布千万个三角形的细小气孔，并且能够随着气温变化而收缩膨胀，产生调温的功能。因此羽绒抱枕具有轻柔舒适、吸湿透气的功能特点。
棉花		棉花是最为常见的布艺原料，由于棉纤维细度较细有天然卷曲，截面有中腔，所以保暖性较好，蓄热能力很强，而且不易产生静电。因此以棉花为内芯的抱枕应定期晾晒，以保证最佳的使用效果。
蚕丝		蚕丝也称天然丝，是自然界中最轻最柔最细的天然纤维。撤销外力后可轻松恢复原状，用蚕丝做成的抱枕内芯不结饼，不发闷，不缩拢，均匀柔和，而且可永久免翻使用。

8

FURNISHING
DESIGN
软装全案教程

第 八 章

室内空间的
软装摆场法则

软装摆场手法解析

1.1 软装摆场三大重点

摆场是软装设计中最难的部分，需要注意场景、构图和艺术感三个重点。首先是根据实际的场景选择饰品；其次，摆件和壁饰等软装饰品、装饰画以及家具应形成一个完整的构图；最后，软装摆场要赋予空间艺术感，提升空间品质。

如果在初学阶段，可以选择一个完美的案例图片作为参考，对装饰画、台灯、花艺、摆件等装饰柜上的饰品进行分类，然后框出各个软装元素的外框，按照原图比例放入新的装饰画、台灯、花艺与摆件，最后形成新的效果。

1.2 黄金分割法理论

软装摆场中最经典的比例分配莫过于黄金分割法，它的基本理论来自于黄金比例——1∶1.618。2000多年前，古希腊雅典学派的欧道克萨斯提出了黄金分割。文艺复兴后，黄金分割经阿拉伯人传入欧洲，被欧洲人称为"金法"，主要用意在表达和谐，引领观赏者以最自然的方式欣赏框架内的画面。这个比例广泛应用于工艺美术和日常用品的设计中，例如建筑、绘画、雕塑、摄影、工业设计和服装设计等领域，当然也同样适用于软装设计美学。

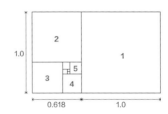

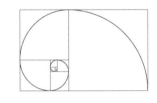

△ 软装摆场中的黄金分割法原则

1.3 三角构图摆场法则

软装摆场摆放讲求构图的完整性，有主次感、有层次感、韵律感，同时注意与大环境的融洽。三角构图法是以三个视觉中心为装饰品的主要位置。形成一个稳定的三角形，具有安定、均衡但不失灵活的特点，是最为常见和效果最好的一种方式。

三角构图法主要通过对饰品的体积大小或尺寸高低进行排列组合，陈设后从正面观看时饰品所呈现的形状应该是三角形，这样显得稳定而有变化。无论是正三角形还是斜边三角形，即使看上去不太正规也无所谓，只要在摆放时掌握好平衡关系即可。

如果采用三角形陈设法，整个饰品组合应形成错落有致的陈列，其中一个饰品一定要与其他饰品形成落差感，否则无法实现突出效果。一定要有高点、次高点、低点才能连成一个三角平面，让整体变得丰满且有立体感。

△ 柜子上饰品摆放的三角构图形式

△ 几个饰品之间需形成高低的落差，这样才能形成一个三角形的构图

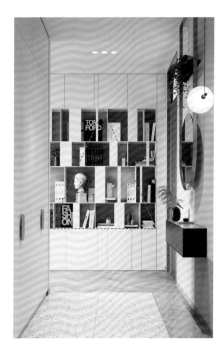

△ 书架饰品摆放的三角构图形式

1.4 均衡对称摆场法则

将软装饰品利用均衡对称的形式进行布置，可以营造出协调和谐的装饰效果。

如果旁边有大型家具，饰品排列的顺序应该由高到低陈列，以免视觉上出现不协调感。如果保持两个饰品的重心一致，例如将两个样式相同的摆件并列，可以制造出韵律美感。如果在台面上摆放较多饰品，那么运用前小后大的摆放方法，就可以起到突出每个饰品特色，且达到层次分明的视觉效果。

△ 对称摆设法主要出现在比较有庄重仪式感的场景中，把饰品利用均衡对称的手法进行摆设，可以制造出韵律的美感

1.5 平行陈设摆场法则

有些空间中总有一些看起来高低差别不大的饰品，平时感觉很难进行搭配，不妨尝试平行式陈设法。事实上平行构图是家居空间中出现最多的，如书房、厨房等区域，都非常适合平行式摆设法。

例如小茶几上经常要摆放一些摆件，因为位置小也很难选择落差大的饰品，所以适合平行式陈设。在小户型中通常会有一整面的装饰收纳柜，其中的每一个搁架可以一边收纳杂物，一边陈列珍贵收藏，简单的平行装饰就是最美的。

在厨房台面上，很多瓶瓶罐罐差不多高矮，要想形成错落感很难，也可以采用平行式陈设。但是要注意进行分组，例如两个一组，另外一个饰品单个一组。

△ 对于一组高低差别不大的饰品来说，平行式陈设可以实现突出每个饰品特色的效果

1.6 亮色点睛摆场法则

一些公共空间如客厅等需要摆设一些很重要的视觉集中点，这个点会直接影响到整个软装搭配的效果，这时候就需要选择适合的饰品作为点睛之笔，形成视觉的亮点。

此外，当整个硬装的色调比较素雅或者比较深沉的时候，在软装上可以考虑用亮一点的颜色来提亮整个空间。例如硬装和软装是黑白灰的搭配，可以选择一两件比较色彩艳丽的单品来活跃氛围，这样会带给人不间断的愉悦感受。

△ 色彩素雅的中性色空间可采用亮色饰品活跃氛围

玄关空间软装摆场

2.1 装饰画搭配

玄关位置的装饰画吸引着人们大部分的视线，作为整个空间的"门面担当"，装饰画的选择重点是题材、色调以吉祥愉悦为佳，并与整体风格协调搭配。不宜选择太大的装饰画，以精致小巧、画面简约的无框画为宜。可选择格调高雅的抽象画或静物、插花等题材的装饰画来展现居住者优雅高贵的气质。此外，也可以选择一些吉祥意境的装饰画。数量上通常挂一幅画装饰即可，尽量大方端正，并考虑与周边环境的关系。

有时候在玄关柜背后的墙面上搭配一幅装饰画，可以选择非居中位置悬挂。比如玄关柜上的花瓶放在柜体的最右边，那么可以选择在偏左的位置悬挂一幅尺寸较大的画，然后右侧再搭配一个较小的挂件，起到整体平衡作用。

△ 玄关处适合选择格调高雅的抽象画或静物、插花等题材的装饰画

2.2 装饰镜搭配

玄关是住宅空间中装饰镜使用次数较高的空间，让居住者可在进出门时利用镜子整理自己的仪表。此外，普通公寓的玄关面积都不算大，因此可借助装饰镜的反射作用来扩充其视觉空间。

小户型中可选择一整面墙挂放装饰镜，搭配合适的灯光，会使得小空间瞬间宽敞明亮很多；可在玄关墙上挂放一块定制的装饰镜或成品全身镜，在实用的同时还可以起到一定的装饰作用；玄关空间比较小的家中，可以考虑选择小型的装饰镜挂在柜子的上方，会带来意想不到的装饰效果。

△ 采光不佳的玄关区域利用大面装饰镜扩大空间感，并用灯带进行勾勒装饰

2.3 插花搭配

　　玄关处的插花通常较为小巧，是镜子或装饰画旁的点睛之笔。通常偏暖色的插花可以让人一进门就心情愉悦。另外还要考虑光线的强弱，如果光线较暗，除了应选用耐阴植物或者仿真花、干枝之外，还要选择鲜艳亮丽、色彩饱和度高的插花，营造一种喜庆的氛围。

△ 玄关处的插花与花瓶色彩鲜艳亮丽，给人一种宾至如归的喜庆氛围

2.4 摆件工艺品搭配

◆ 无柜体的玄关台

　　玄关区域的摆件工艺品宜简、宜精，一两个高低错落摆放，形成三角构图最显别致巧妙。如果是没有任何柜体的玄关台，台面上可以陈设两个较高的台灯搭配一件低矮的花艺，形成两边高中间低的效果。也可以直接用一盆整体形状呈散开形的花艺或者是一个横向长形的摆件去进行陈设。如果觉得摆设的插花不够丰满，还可以在旁边再加上烛台或台灯。

◆ 带隔板的玄关柜

　　由于某些家具的特殊性，例如有的玄关柜的柜体下层会带有隔板，这种情况下一般会选择在隔板上摆放一些规整的书籍或精致储物盒作为装饰。有盒子的情况下，还可在边上放一些具有情景画效果的软装饰品。这里所用到的书籍和装饰品具有很强的实体性。那么在旁边还可以搭配一个铁环制品，这类饰品可以很好地起到一个虚化作用。

　　在台面上，可以在隔板虚化掉的这一边放上陶瓷器皿以及花瓶，然后再加上植物的点缀。这样就可以达到虚实的结合效果。

△ 摆件工艺品与装饰画通过色彩上的呼应形成一个整体

△ 如果玄关柜的柜体下层带有隔板，可在上面摆放一些规整的书籍或精致储物盒作为装饰

客厅空间软装摆场

3.1 窗帘搭配

　　窗帘对于协调整个房间的气氛，起着重要的作用。或是时尚，或是优雅，或是浪漫，都决定着空间的整体美感。客厅的窗帘不管是材质还是色彩方面都应尽量选择与沙发相协调的面料，以达到整体氛围的统一。

△ 客厅窗帘应与家具、台灯以及抱枕的色调形成呼应，营造整体协调感

挑高的客厅空间适合选用电动窗帘，这样窗帘的拉开和收起只需遥控器就可以了，但需要事先在窗帘盒内排好电源

📄 不同类型的客厅窗帘搭配

现代风格客厅	最好选择轻柔的布质类面料，营造自然、清爽的客厅环境。
欧式风格客厅	可选用柔滑的丝质面料，如绸缎、植绒等，营造雍容、华丽的客厅氛围。
光线充足的客厅	可选择稍厚的羊毛混纺、织锦缎布料来做窗帘，以抵挡强光照射。
光线不足的客厅	可以选择薄纱、薄棉或丝质的窗帘布料，遮光的同时最大程度上把自然光线引入室内。

3.2 地毯搭配

客厅是走动最频繁的地方，最好选择耐磨、颜色耐脏的地毯。如果客厅沙发颜色多样，可以搭配单色无图案的地毯。从沙发上选择一种面积较大的颜色作为地毯的颜色，这样搭配会十分和谐，不会因为颜色过多显得凌乱。

客厅地毯尺寸的选择要与沙发尺寸相适应。当决定好怎么铺地毯后，便可测量尺寸购买。注意：无论地毯是以哪种方式铺设，地毯距离墙面最好有 40cm 的距离。不规则形状的地毯比较适合放在单张椅子下面，能突出椅子本身，特别是当单张椅子与沙发风格不同时，也不会显得突兀。

△ 手工地毯的色彩呼应墙面，同时又与沙发的色彩形成对比，统一中又产生变化

△ 通常黑白色图案的地毯比较百搭，非常适合现代简约风格的客厅空间

◇ 客厅地毯三种铺设方案

方案 1

可以选择沙发椅子脚不压地毯边，只把地毯铺在茶几下面，这种铺毯方式是小客厅空间的最佳选择。

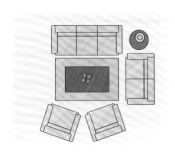

方案 2

可以选择将沙发或者椅子的前半部分压着地毯。但这种铺毯方式要考虑沙发压着地毯多少尺寸，同时这种方式无论铺设还是打扫地毯都十分的不方便。

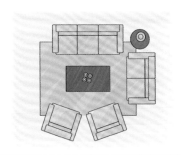

方案 3

如果客厅比较大，可将地毯完全铺在沙发和茶几下方，定义了大客厅的某个区域是会客区。但注意沙发的后腿与地毯边应留出 15~20cm 的距离。

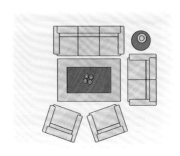

3.3 装饰画搭配

如果选择单幅挂画作为客厅墙面的装饰,最好选择尺寸较大的装饰画,不仅能营造视觉焦点,而且还能支撑起整个空间的气场。如果选择悬挂双联画,则应选择同一系列的画作,不仅有着相似的元素和色调,而且两个画面所表达的主题也十分统一。如果是三联画的话,一般会将一张画拆开分成三幅,也有将同一个系列融合在一起的,具体可根据客厅空间的整体装饰风格进行选择。

客厅装饰画的尺寸需要考虑沙发的大小,与之呈一定比例。例如宽度 2m 左右的沙发搭配 50cm×50cm 或者 60cm×60cm 的装饰画尺寸;宽度 3m 以上的沙发则需搭配 60cm×60cm 或者 70cm×70cm 的装饰画尺寸。如果在客厅沙发墙上挂画,装饰画高度在沙发上方 15~20cm。如果在空白的墙面上挂画,装饰画中心离地面约 145cm。

装饰画悬挂法则图可作为墙面挂画的参考。其中视平线的高度决定挂画的合理高度;梯形线让整个画面具有稳定感;轴心线对应空间的轴心,沙发、茶几、吊灯以及电视墙的中心线都可以在轴心线上,与之呼应;A 的高度要小于 B 的高度,C 的角度为 70° 左右。

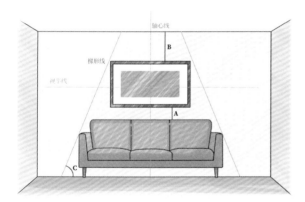

△ 装饰画悬挂法则图

△ 大面积留白的客厅墙面适合挂大尺寸并且画面内容较满的装饰画

△ 客厅沙发墙上挂画的高度

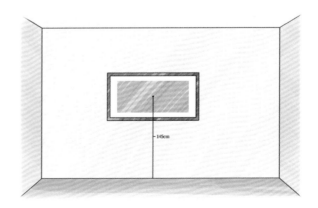

△ 空白的墙面上挂画的高度

客厅装饰画悬挂方案

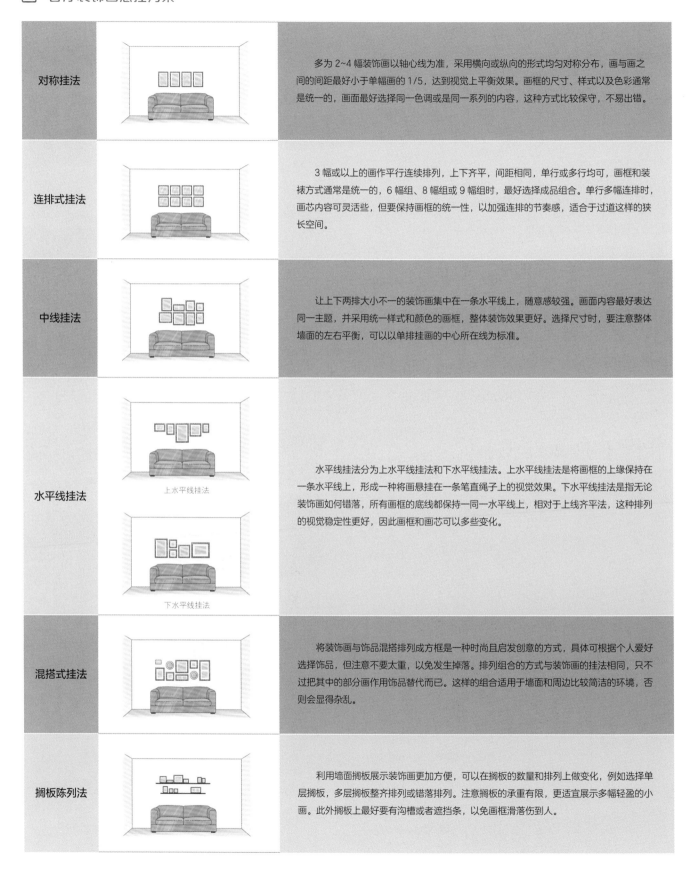

对称挂法

多为 2~4 幅装饰画以轴心线为准，采用横向或纵向的形式均匀对称分布，画与画之间的间距最好小于单幅画的 1/5，达到视觉上平衡效果。画框的尺寸、样式以及色彩通常是统一的，画面最好选择同一色调或是同一系列的内容，这种方式比较保守，不易出错。

连排式挂法

3 幅或以上的画作平行连续排列，上下齐平，间距相同，单行或多行均可，画框和装裱方式通常是统一的，6 幅组、8 幅组或 9 幅组时，最好选择成品组合。单行多幅连排时，画芯内容可灵活些，但要保持画框的统一性，以加强连排的节奏感，适合于过道这样的狭长空间。

中线挂法

让上下两排大小不一的装饰画集中在一条水平线上，随意感较强。画面内容最好表达同一主题，并采用统一样式和颜色的画框，整体装饰效果更好。选择尺寸时，要注意整体墙面的左右平衡，可以以单排挂画的中心所在线为标准。

水平线挂法

上水平线挂法

下水平线挂法

水平线挂法分为上水平线挂法和下水平线挂法。上水平线挂法是将画框的上缘保持在一条水平线上，形成一种将画悬挂在一条笔直绳子上的视觉效果。下水平线挂法是指无论装饰画如何错落，所有画框的底线都保持在同一水平线上，相对于上线齐平法，这种排列的视觉稳定性更好，因此画框和画芯可以多些变化。

混搭式挂法

将装饰画与饰品混搭排列成方框是一种时尚且启发创意的方式，具体可根据个人爱好选择饰品，但注意不要太重，以免发生掉落。排列组合的方式与装饰画的挂法相同，只不过把其中的部分画作用饰品替代而已。这样的组合适用于墙面和周边比较简洁的环境，否则会显得杂乱。

搁板陈列法

利用墙面搁板展示装饰画更加方便，可以在搁板的数量和排列上做变化，例如选择单层搁板，多层搁板整齐排列或错落排列。注意搁板的承重有限，更适宜展示多幅轻盈的小画。此外搁板上最好要有沟槽或者遮挡条，以免画框滑落伤到人。

3.4 插花搭配

客厅空间相对开阔，所以应注意多种插花形式的组合使用。插花应摆放在视线较明显的区域，同时要与室内窗帘布艺等元素相互呼应。除了考虑花色与花瓶的搭配适宜之外，花卉的芬芳香味也可列入布置的重点，以充分创造出舒畅愉快的起居空间。

客厅能布置插花的地方很多，以沙发为基点，周围的茶几、桌子、电视柜、窗台、壁炉等都是展现插花的理想位置。其中客厅的壁炉上方是花器摆放的绝佳地点，成组的摆放应注意高低的起伏，错落有致。但不要在所有花瓶中都插上鲜花，零星的点缀效果更佳。此外，在茶几上摆放一簇插花可以给空间带来勃勃生机，但在布置时要遵循构图原则，切记随意散乱放置。由于茶几呈四面观向，所以插花的层次以水平、椭圆为主。

除了花束，客厅还可以在窗边放上大型的吉祥植株，如幸福树、发财树等。客厅里的装饰柜如果足够高，还可以在柜顶放上垂藤型植物，营造自然清新的气息。

&. 布咨盟设计

△ 客厅角几上的插花应注意与其他摆件呈三角构图摆放

△ 摆放在客厅茶几上的插花高度宜适中，避免遮挡住观看电视的视线

△ 客厅中的大型绿植可考虑摆设在沙发一侧的窗户前面的位置

3.5 壁炉区域摆场

在欧式或美式风格的客厅空间中经常会出现壁炉，不仅对室内空间气氛的营造起着关键的作用，而且可以带给人温暖和亲密的感情。为了能让壁炉更具有情景化的感觉，可以在壁炉芯内放适量自然状态的木材或木棍。因为在传统意义上来讲，壁炉就是专门用来燃烧木材的，并以此达到供暖的目的。只是在现代社会里，大多数人已经不需要在室内燃烧木材取暖。

壁炉台面上可放置一些其他情景类的饰品组合，比如古典的雕塑、蜡烛和烛台，这样可以让整个壁炉看起来更加饱满。在壁炉后的墙面上挂一个铜制的挂镜也是比较有代表性的做法，还可以在镜子前放置一幅尺寸较小的装饰画，不仅可以增强色彩冲击力，还可以减轻镜子的光线反射，给人一种视觉舒适的效果。

最基础的壁炉台面装饰方法是整个区域呈三角形，中间摆放最高大的背景物件，如镜子、装饰画等，左右两侧摆放烛台、植物或其他符合整体风格的摆件来平衡视觉，底部中间摆放小的画框或照片，角落里可以点缀一些高度不一的小饰品。此外，壁炉旁边也可适当加些落地摆件，如果盘、花瓶等，不生火时放置木柴等都能营造温暖的氛围。

△ 壁炉区域常用的摆场手法是以装饰镜或装饰画为中心，左右两侧对称摆设瓷器或烛台

△ 壁炉区域摆场方案

△ 壁炉芯内放适量自然状态的木材或木棍更具有情景化的感觉

3.6 茶几区域摆场

茶几上陈设三种类型的饰品是最佳的搭配,不管是什么大小和形状,组合起来都非常和谐。如果茶几上的软装饰品数量较多,可把每三个相近的物品为一组,例如三个球形花瓶、三本书,每个组合之间又有点间隔,整个桌面丰满而不拥挤。注意在堆叠书本的时候,最好是由大到小从下到上摆放,非常有层次感。当然只是单纯的方形书本做装饰的话,会显得有点单调乏味,圆形就能增加视觉愉悦感,圆形花瓶、蜡烛都可以。

高度不一的搭配会更有立体感。可以以三种不同高度的软装饰品进行陈设,最高的物品可以摆放在中间,两边采用对称陈设。当然,不对称呈现用得也很多,只要是不同高度错落有致的都会有很好的画面感。

如果茶几上有三组软装饰品,想要不显得杂乱,可以把每组都以书本为底座,不仅看起来比较稳重,而且每组之间也有一定的联系。除了用书本垫底,还可以用好看的杂志,或者托盘,都是很好的陈设道具。

△ 茶几上的工艺饰品适合三角形陈设的手法,高度不一的搭配富有层次感

△ 如果茶几上出现多组工艺饰品的陈设,可把每三个相近的物品作为一组,每个组合之间又保持适当的间隔

📋 茶几饰品摆场手法

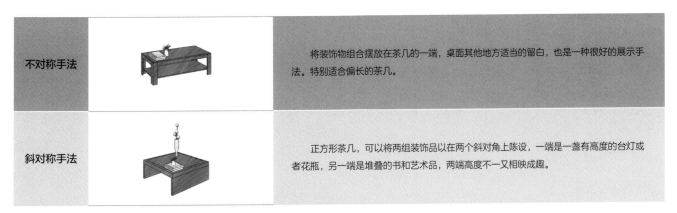

不对称手法		将装饰物组合摆放在茶几的一端,桌面其他地方适当的留白,也是一种很好的展示手法。特别适合偏长的茶几。
斜对称手法		正方形茶几,可以将两组装饰品以在两个斜对角上陈设,一端是一盏有高度的台灯或者花瓶,另一端是堆叠的书和艺术品,两端高度不一又相映成趣。

卧室空间软装摆场

4.1 床品搭配

为了营造安静美好的睡眠环境，卧室墙面和家具的色彩都会柔和，因此床品选择与之相同或者相近的色调绝对不会出错，统一的色调也让睡眠氛围更柔和。

床品的颜色和花纹要讲究呼应。带花纹的面料并不是使用越多越好，花纹太多如果处理不好，整个空间会很乱，没有视觉的焦点，容易产生视觉疲劳。如果空间环境是非常素净的颜色，床品就可以用花纹。如果墙纸花纹很多，那床品就不要再用花纹，要用干净的素色。

如果床屏与床头背景颜色是同一个色系时，床品颜色一定要跳脱出来。床屏与床头背景颜色对比强烈，已经跳脱出来时，床品颜色处理就要稳。

△ 蓝色床品体现成熟男士的理性

△ 粉色床品适合年轻女性的卧室

📄 床品搭配要点

影响因素	选择要点
居住人数	如果是一个人居住，从心理上来说，颜色鲜艳的床品能够填充冷清感；如果是多人居住，条纹或者方格的床品是一个合适选择。
面积大小	如果卧室面积偏小，最好选用浅色系床品来营造卧室氛围；如果卧室很大，可选用强暖色的床品去营造一个充满温馨感的空间。
居住者性别	对于年轻女孩来说，粉色床品是最佳选择；成熟男士则适用蓝色床品，体现理性，给人以冷静之感。
空间光线	自然花卉图案的床品适合搭配田园格调；抽象图案则更适宜简洁的现代风格。

📄 床品氛围营造类型

氛围类型		搭配要点
素雅氛围		营造素雅氛围的床品通常没有中式的大红大紫，没有传统的美丽多姿，也没有欧式的富丽堂皇，采用单一色彩进行床品的配搭。在花纹上，也没有传统的花卉图案，取而代之是线条简略、经典的条纹、格子的外形。
奢华氛围		营造奢华氛围的床品多采用象征身份与地位的金黄色、紫色、玉粉色为主色调，流露出贵族名门的豪气。一般此类床品用料讲究，多采用高档舒适的提花面料。大气的大马士革图案、丰富饱满的褶皱以及精美的刺绣和镶嵌工艺都是搭配奢华床品的重要元素。
自然氛围		搭配自然风格的床品，通常以一款植物花卉图案为中心，辅以格纹、条纹、波点、纯色等，忌各种花卉图案混杂。
梦幻氛围		搭配梦幻氛围的女孩房床品，粉色系是不二之选，轻盈的蕾丝织物、多层荷叶花边、花朵、蝴蝶结等都是女孩的造梦高手。
活跃氛围		格纹、条纹、卡通图案是男孩房床品的经典纹样，强烈的色彩对比能衬托出男孩活泼、阳光的性格特征，面料宜选用纯棉、棉麻混纺等亲肤的材质。
知性氛围		有序列的几何图形能带来整齐、冷静的视觉感受，打造知性干练的卧室空间选用这一系列的图案是个非常不错的选择。
个性氛围		动物皮毛仿生织物应用于装饰类的构件即好，可以打造十足的个性气息。但避免大面积的使用，否则会让整套床品看起来臃肿浮夸。
简约氛围		搭配一组耐人寻味的简约风格床品，纯色是惯用的手段，面料的质感才是关键，压绉、衍缝、白织提花面料都是非常好的选择。
传统氛围		打造传统氛围的床品需要从纹样上延续中式传统文化的意韵，从色彩上突破传统中式的配色手法，利用这种内在的矛盾打造强烈的视觉印象。

4.2 窗帘搭配

卧室窗帘的色彩、图案需要与床品相协调，以达到与整体装饰相协调的目的。通常遮光性是选购卧室窗帘的第一要素，棉、麻质地或者是植绒、丝绸等面料的窗帘遮光性都不错。也可以采用纱帘加布帘的组合，外面的一层选择比较厚的麻棉布料，用来遮挡光线、灰尘和噪声，营造安静的休憩环境；里面一层可用薄纱、蕾丝等透明或半透明的面料，主要用来营造浪漫的情调。

通常老年人的卧室色彩宜庄重素雅，可选暗花和色泽素净的窗帘。年轻人的卧室则宜活泼明快，窗帘可选现代感十足的图案花色。追求浪漫的居住者，可以在纱帘的式样上花些功夫，选择层层叠叠的罗马式窗帘为整个居室增添一份柔美，同时可提升睡眠质量。

△ 粉色床品适合年轻女性的卧室

4.3 插花搭配

卧室摆设的插花应有助于创造一种轻松的气氛，以便帮助居住者尽快缓解一天的疲劳。花材色彩不宜选择鲜艳的红色、橘色等刺激性过强的颜色，应当选择色调纯洁、质感温馨的浅色系插花，与玻璃花瓶组合则清新浪漫，与陶瓷花瓶搭配则安静脱俗。

卧室里插花摆放的位置应根据插花的大小，花形的不同来摆放。如卧室里的写字台和床头柜上应该摆放小型的插花；窗台上可以摆放一些中小型的插花。

△ 在卧室五斗柜上摆放插花，可与其他饰品较组成一个三角形的构图

△ 卧室床头柜上的插花造型宜简洁，体量不宜过大

4.4 地毯搭配

卧室区的地毯以实用性和舒适性为主，宜选择花型较小，搭配得当的地毯图案，视觉上显得安静、温馨，同时色彩要考虑和家具的整体协调，材质上羊毛地毯和真丝地毯是首选。

△ 卧室的地毯应考虑与床品、窗帘以及装饰画等元素的色彩相协调

📄 卧室地毯铺设形式

床尾铺设地毯		如果床两边的地毯跟床的长度一致，那么床尾也可选择一块小尺寸地毯，地毯长度和床的宽度一致。地毯的宽度不超过床的长度的一半。或者单独在床尾铺一条地毯。
床的侧边铺设地毯		如果整个卧室的空间不大，床放在角落，那么可以在床边区域铺设一条手工地毯，可以是条毯或者小尺寸的地毯。地毯的宽度大概是两个床头柜的宽度，长度跟床的长度一致，或比床略长。
床和床头柜下方铺设地毯		如果床是摆在房间的中间，可以选择把地毯完全铺在床和床头柜下，一般情况下，床的左右两边和尾部应分别距离地毯边90cm左右，当然可以根据卧室空间大小酌情调整。
除床头柜和床头位置以外铺设地毯		卧室中的地毯还可铺在除了床头柜和与其平行的床的以外的部分，并在床尾露出一部分地毯。这种情况下床头柜不用摆放在地毯上，地毯左右两边的露出部分尽量不要比床头柜的宽度更窄。
床两侧铺设地毯		在床的左右两边各铺一条小尺寸的地毯。地毯的宽度约和床头柜同宽，或者比床头柜稍微宽一些，床头柜不压地毯，地毯长度可以根据床的长度而定，可以超出床的长度。

4.5 装饰画搭配

卧室装饰画数量不在多，过多的卧室挂画反而会让人眼花缭乱，搭配一两幅精心挑选的装饰画就已经足够，这样会使得整个空间显得氛围温馨。除了婚纱照或艺术照以外，人体油画、花卉画和抽象画也是不错的选择。在悬挂时，装饰画底边离床头靠背上方 15~30cm 处或顶边离顶部 30~40cm 为宜。

卧室装饰画的选择原则应以让人心情缓和宁静为佳。线条简洁的板式床适合搭配带立体感和现代质感边框的装饰画。柔和厚重的软床则需搭配边框较细、质感冷硬的装饰画，通过视觉反差来突出装饰效果。

△ 墙面上悬挂多幅大小不一的装饰画，以最大幅装饰画的中心为水平标准

两幅画之间的距离
应控制在 5~8cm

画的底边离床头靠
背上方 15~30cm

△ 床头墙上布置单幅装饰画作为装饰，应注意与床背宽度的比例搭配

△ 床头墙上多个相同尺寸的装饰画，在悬挂时可保持一定的错落感

4.6 摆件工艺品搭配

卧室需要营造一个轻松温暖的休息环境，装饰简洁和谐比较利于人的睡眠，所以软装饰品不宜过多，除了装饰画、插花，点缀一些首饰盒、小摆件工艺品就能让空间提升氛围。也可在床头柜上放一组相框配合插花、台灯，能让卧室倍添温馨。

& SCDA设计

△ 相框、台灯以及小摆件在床头柜上按三角构图原则进行摆设，是卧室软装布置中最为常见的设计手法

4.7 壁饰工艺品搭配

卧室墙上的壁饰应选择图案简单，颜色沉稳内敛的类型，给人以宁静和缓的心情，利于高质量的睡眠。

简约风格的卧室墙面设计往往会选择现代感比较强的装饰形式，如造型时尚新颖的艺术品壁饰、挂镜等。在现代轻奢风格的空间中，搭配金属色的壁饰可给空间增添一份低调

的华丽感。扇子是古时候文人墨客的一种身份象征，有着吉祥的寓意。圆形的扇子饰品配上流苏和玉佩，呈现出浓郁的东方古韵气质，通常会用在中式风格卧室中。

立体的壁饰在不同的角度拥有不同的视觉效果，因此能让整个墙面鲜活起来，而且独特的立体感可为空间增加灵动感。别致的树枝造型挂件有多种材质，例如陶瓷加铁艺，还有纯铜加镜面，都是装饰背景墙的上佳选择，相对于挂画更加新颖，富有创意，给人耳目一新的视觉体验。

△ 形态丰富的金属壁饰成为卧室空间的视觉中心

△ 卧室壁饰的色彩应注重与墙面、家具以及其他软装元素的协调性

儿童房空间软装摆场

5.1 窗帘搭配

窗帘对于儿童房来说不仅可以起到遮挡强光和调节房间光线的作用，而且还具有画龙点睛的装饰效果。儿童房的窗帘应选择使用纯天然质地的布料，如纯棉、涤棉、亚麻等，这些材料不仅手感舒适，而且清洗起来也十分方便。更重要的是不含化工元素，因此不会对孩子的健康造成影响。挑选儿童房窗帘时，不要采用落地帘，最好将长帘换成短帘。此外，窗帘杆的造型应该尽量简单并且安装要牢固，以免因孩子的拉、拽而轻易脱落。

由于孩子天性活泼，因此儿童房窗帘的颜色也可以丰富一些。而且窗帘的图案也可以卡通一些，比如 Hello Kitty、米老鼠、小熊维尼等都是孩子们喜欢的卡通人物，带有卡通图案的窗帘既能起到遮挡阳光的作用，还能为儿童房增添一抹童趣。也可以选择一些带有星星和月亮图案的窗帘，这些图案能起到平复孩子心情的作用，让孩子更容易入睡。

此外，还可以根据孩子喜欢的类型来选，例如男孩可能会选玩具车、帆船之类的图案，女孩喜欢梦幻一点的卡通图案，比如白雪公主、米老鼠、小熊维尼等。

△ 蓝色是男孩房窗帘的常见颜色，但在搭配时应注意与整体色彩的协调

△ 甜美公主房主题的儿童房少不了粉色窗帘的点缀

5.2 地毯搭配

地毯是一种有别于地砖、地板的软性铺装材料，其良好的防滑性和柔软性可以使人在上面不易滑倒和磕碰。因此，在儿童房内铺设地毯，不仅可以增添空间的时尚感，而且由于孩子喜欢在地面上摸爬滚打，地毯可以遮盖住冷硬的地面，并在孩子玩乐时起到一定的保护作用。与地板、地砖相比，地毯因紧密透气的结构，可以吸收及隔绝声波，因此具有良好的吸音和隔音效果，不仅可以保持室内的安静，还能防止孩子在玩闹时声音太大而影响到楼下的住户。

在儿童房的地面铺设图案丰富、色彩绚丽、造型多样化的地毯，不仅可以提亮整个空间，而且还可以激发孩子的好奇心和求知欲。此外，儿童房的地毯尺寸应尽量大一些，同时最好在地毯和墙面之间留出 200~300mm 的距离，以显露出原有的地板，从而使外露的地板可以框住地毯，并且有助于固定房间里的家具。如果儿童房的空间较小，则可以考虑标准的矩形和方形地毯。

由于孩子在嬉戏时常会坐在甚至是趴在地毯上，因此在为儿童房搭配地毯时一定要确保其安全性以及健康性。羊毛地毯不仅会随着时间的推移而变软，而且经久耐用，更重要的是，它是一种天然纤维，天然无公害，因此非常适合运用在儿童房的空间中。

△ 对地毯与墙面上几何图形的认知，不仅能培养孩子的空间想象能力，还能培养孩子的逻辑分析能力

△ 多彩的地毯视觉冲击力特别强，也让儿童房显得新鲜活泼

△ 常见的儿童房地毯图案

5.3 装饰画和照片墙搭配

儿童房装饰画的颜色选择上多鲜艳活泼，温暖而有安全感，题材可选择健康生动的卡通、动物、动漫以及儿童自己的涂鸦等，以乐观向上为原则，能够给孩子们带来艺术的启蒙及感性的培养，并且营造出轻松欢快的氛围。

为了给儿童一个宽敞的活动空间，儿童房的装饰应适可而止，注意协调，以免太多的图案造成视觉上的混乱，不利于身心健康。儿童房的空间一般都比较小，所以选择小幅的装饰画做点缀比较好，太大的装饰画就会破坏童真的趣味。注意：在儿童房中最好不要选择抽象类的后现代装饰画。

△ 卡通题材装饰画

△ 装饰画与装置艺术的组合

△ 题材诙谐的装饰画

孩子在成长的过程中，父母总会为其拍摄很多有趣的照片，因此可以在儿童房设置一面照片墙，为孩子的照片提供一个绝好的展示空间。

孩子的世界是没有任何规律可言的，所以在设计照片墙时，不妨参考一下凌乱美的设计手法，任凭借孩子自己的第一感觉进行搭配，呈现出童真的设计美感。如果是女孩房的话，则可以考虑设计心形的照片墙。不过心形照片墙在安装过程中难度比较大，因此对于照片的尺寸以及具体的分布需要进行合理的设计。

△ 以儿童兴趣爱好为题材的照片墙，留住孩子成长的点滴

△ 照片墙不仅能增添儿童房的童趣，还能丰富孩子的想象空间

△ 正方形照片墙方案

△ 圆形照片墙方案

△ 心形照片墙方案

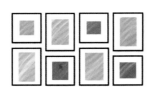

△ 长方形照片墙方案

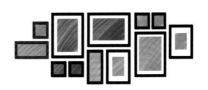

△ 不规则形照片墙方案

5.4 壁饰工艺品搭配

　　儿童房的墙面软装主题应以健康安全、启迪智慧为主。此外，还要考虑到空间的安全性以及对小孩身心健康的影响，不宜用玻璃等易碎品或易划伤的金属类壁饰。儿童房的墙面可以搭配一些孩子自己喜欢或能够引发想象力的装饰，如儿童玩具、动漫童话壁饰、小动物或小昆虫壁饰、树木造型壁饰等。也可以根据儿童的性别选择不同形式的墙面壁饰，鼓励儿童多思考、多接触自然。

　　此外，儿童房墙面软装设计时还应考虑到性别上的差异。如男孩房可以增加一些和运动有关的壁饰、装饰画等元素，不仅装饰感强，而且还可以起到激发男孩运动细胞的作用。而女孩房在布置墙面软装饰品时，要满足女孩子爱幻想、爱漂亮、爱整洁的这些心理特点，为其打造出一个神秘且梦幻的空间。

△ 孩子天生喜欢圆形物体，所以相比其他造型，圆形的壁饰更能给孩子带来愉快感与安全感

△ 色彩丰富的挂盘体现活泼童趣的主题

△ 通过灯光衬托的卡通壁饰显得立体感十足

△ 儿童房中的壁饰除了造型之外，选择高明度色彩更利于营造活泼的氛围

餐厅空间软装摆场

6.1 地毯搭配

作为餐厅的地毯，易用性是首要的，可选择一种平织的或者短绒地毯。首先它能保证椅子不会因为过于柔软的地毯而不稳，也能因为较为粗糙的质地而更耐用。质地蓬松的地毯还是比较适合起居室和卧室。

餐厅地毯的尺寸一定要超过人坐下吃饭的范围，这样既美观，又能避免拉动椅子的时候损坏地毯。一般情况下，餐桌边缘向外延伸 60~70cm，就是地毯的尺寸了。当然也可以根据餐厅的实际情况进行调整，但是外延最好不要少于 60cm，这样既舒适又美观。此外，餐厅地毯距离墙面也不要太近，两者相距至少要 20cm。如果餐厅比较小，那么地毯与墙面之间最好留出 40~50cm 的距离，才能让空间显得不那么拥挤。

△ 地毯与餐椅以及餐桌摆饰的色彩保持在同一色系，显得十分和谐

△ 圆形的餐桌可选择圆形、正方形或者长方形的地毯

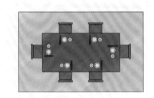

△ 长方形餐桌适合选择长方形的地毯

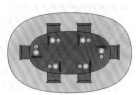 

△ 椭圆形的餐桌适合搭配椭圆形或长方形的地毯

6.2 桌布搭配

给餐桌铺上桌布或者桌旗。不仅可以美化餐厅，还可以调节进餐时的气氛。一块合适的桌布与室内的环境相协调，便能为房间增色不少。不同色彩与图案的桌布的装饰效果各不相同。如果桌布的颜色太艳丽，又花俏，再搭配其他摆件的话，容易给人一种杂乱感。通常色彩淡雅类的桌布十分经典，而且比较百搭。此外，只要选择符合餐厅整体色调的桌布，冷色调也能起到很好的装饰作用。

△ 色彩淡雅的条纹桌布不仅百搭，而且可以更好地营造就餐氛围

📄 桌布风格类型

中式风格桌布		中式桌布常体现中国元素，如出现青花纹样、福禄寿喜等图案，面料多采用织锦缎中国传统纹样，自然流露出中国特有的古典意韵。
欧式风格桌布		欧式风格的餐桌有着古朴的花纹图案和经典造型，与其搭配的桌布需要具有同样奢华的质感，才显气质。丝光柔滑的面料最好搭配沉稳的咖啡色、金色或银色，尽显尊贵大气。
简约风格桌布		简约风格家居空间适合白色或无色效果的桌布，如果餐厅整体色彩单调，也可以采用颜色跳跃一点的桌布营造气氛，给人眼前一亮的效果。注意桌布不要长过桌腿高度的1/2，更不要拖地，否则会脱离简约主题。
乡村风格桌布		具有大自然田园风格的乡村格子布是永不褪色的流行，可依格子颜色的不同，相互搭配。如果喜欢淡雅的小碎花图案，不妨利用同色系的搭配手法来呈现田园乡村情怀，在清爽宜人的素色桌布上，搭配同色系的花朵小桌布。

6.3 装饰画搭配

餐厅装饰画选择横挂或竖挂需根据墙面尺寸或餐桌摆放方向。如果墙面较宽、餐厅面积大，可以用横挂画的方式装饰墙面；如果墙面较窄，餐桌又是竖着摆放，装饰画可以竖向排列，减少拥挤感。

餐厅装饰画在色彩与内容上都要符合用餐人的心情，通常橘色、橙黄色等明亮色彩能让人身心愉悦，增加食欲。餐厅挂蔬果画是一种不错的选择，例如白菜、茄子、西红柿等，画面温馨、自然，同时又寓意较为丰富。此外，花卉和色块组合为主题的抽象画挂在餐厅中也是现在比较流行的一种搭配手法。

如果餐厅与客厅一体相通时，装饰画最好能与客厅配画相协调。餐厅装饰画的尺寸一般不宜太大，以 60cm×60cm、60cm×90cm 为宜，采用双数组合符合视觉审美规律。挂画时，要注意人坐着时的视野范围，做适当的调整。如果挂的是单一大画时，画框与家具的最佳距离为 8~16cm。

△　宽度较窄的餐厅墙面适合竖向挂画的方式

△　从心理层面而言，餐厅装饰画宜选择激发食欲的色彩，如橘色、橙黄色等

△　装饰画与壁饰混搭的餐厅墙面装饰方案

6.4 插花搭配

1. 根据就餐人数选择插花

　　餐桌的就餐人数通常是双人、四人、十人或十人以上不等，插花应根据餐桌大小而定。一般来讲，双人和四人桌，以小型花瓶为主，用一至几朵花，再点缀少许绿叶即可。十人或十人以上的餐桌，则可以选用多种形式，去丰富餐桌的留白区域。一般可以西方式插花为主，也可以设置微景观，增加用餐的趣味性。在餐桌不使用的时候，上方的花瓶往往起到很好的装饰效果。

2. 插花摆放位置

　　无论是圆桌还是长桌，插花都要摆在餐桌的中间位置。圆桌一般摆在正中央，而长桌则以桌子的宽度为基准，插花的宽度一般不超过桌宽的三分之一，要预留出用餐区域。高度在 25~30cm 之间比较合适，以免阻挡用餐者交流的视线。如果层高较高，可采用细高型花瓶或者需要选择比较大型的插花进行搭配。

△ 西方式插花适合布置十人或十人以上的餐桌

长桌上的插花宽度一般不超过桌宽的三分之一，高度在 25~30cm

△ 把插花摆在餐桌的中间位置，以其为中心布其他摆件，容易形成视觉上的平衡

3. 插花类型选择

一般水平型花艺适合长条形餐桌，圆球形花艺用于圆桌。餐厅花艺的选择要与整体风格和色调相一致，选择橘色、黄色的花艺会起到增加食欲的效果。若选择蔬菜、水果材料的创意花艺，既与环境相协调，又别具情趣。

花材的气味主要以清淡雅致为主，像栀子花、丁香等具有浓烈香味的花材容易引起就餐者的不适，还是少用为好。除了花材，叶材也是餐桌插花设计中用到较多的。如果设计中以叶材为主，或者完全运用叶材去装饰餐桌，会有一种素净自然的感觉。除了鲜花绿叶，其他植物如水果、蔬菜、盆栽、多肉等，也是餐桌插花设计中很受欢迎的元素。无论是单一种类还是与花材结合，都会创造出其不意的效果。

△ 完全运用叶材装饰餐桌给人素净自然的感觉，同时也避免了一些花材的气味影响进餐食欲

△ 带有果实的插花搭配粗陶花瓶，较多布置在中式风格的餐桌上

直接让盆栽上桌，也是一种餐厅插花的装饰方式。小型绿色植物或开花植物连花盆一起摆在餐桌上具有自然清新的感觉，尤其适合院子里的聚餐。但要注意，不要让泥土溢出到桌上，要保持桌面的清洁卫生。

△ 餐厅中的插花应注意与餐椅以及其他摆件的色彩形成呼应

6.5 餐桌摆饰搭配

对于日常的餐桌摆饰，如果没有时间去精心布置，一块美丽的桌布就能立刻改观用餐环境。如果不愿意让桌布遮盖住桌面本身漂亮的木纹，餐垫则必不可少，既能隔热，又体现了扮靓餐桌的用心。

风格统一的成套系的餐具是美化餐桌的重点，材质与风格应与空间其他器具应保持一致，色彩则需呼应用餐环境和光线条件。比如深色桌面搭配浅色餐具，而浅色桌面可以搭配多彩的餐具。烛台应根据所选餐具的花纹、材质进行选择，一般同质同款的款式比较保险。

设计时，首先分析餐盘尺寸，然后在餐桌图纸上放出餐盘尺寸，通常样板房是2~3个餐盘的数量。再选择餐巾、餐垫的形式，在图纸上放出尺寸。酒杯、烛台、花艺都需要在餐桌图纸上放线，这样才能不出问题。不仅仅是平面图，餐盘、酒杯、花艺的高度在立面图上都要画出来，看一下整体的比例是否协调。餐桌工艺品摆放的高度以不影响谈话为原则，大概保持在250mm高度以下。

& 上上国际设计

△ 餐桌上成组摆放的工艺品摆件呼应整体的轻奢格调，可以更好地烘托就餐氛围

△ 正式餐桌摆饰布置方法

△ 非式餐桌摆饰布置方法

△ 中餐餐具摆设方案

△ 西餐餐具摆设方案

△ 以金属摆件作为餐桌的中心装饰物

📄 四类风格的餐桌摆饰方案

北欧风格餐桌摆饰		北欧风格偏爱天然材料，原木色的餐桌、木质餐具的选择能够恰到好处地体现这一特点。几何图案的桌旗是北欧风格的不二选择。除了木材，还可以点缀以线条简洁、色彩柔和的玻璃器皿，以保留材料的原始质感为佳。
现代风格餐桌摆饰		现代风格餐桌摆饰的餐具材质包括玻璃、陶瓷和不锈钢等，造型简洁，通常餐具的色彩不会超过三种，常见黑白组合或者黑白红组合。餐桌上的装饰物可选用金属材质，且线条要简约流畅，可以有力地体现这一风格。
中式风格餐桌摆饰		中式风格餐桌摆饰在餐扣或餐垫上体现一些带有中式韵味的吉祥纹样，一些质感厚重粗糙的餐具，可能会使就餐意境变得古朴而自然，清新而稳重。此外，中式餐桌上常用带流苏的玉佩作为餐盘装饰。
法式风格餐桌摆饰		法式风格的餐具在选择上以颜色清新、淡雅为佳，印花要精细考究，最好搭配同色系的餐巾，颜色不宜出挑、繁杂。银质装饰物可以作为餐桌上的搭配，如花瓶、烛台和餐巾扣等，但体积不能过大，宜小巧精致。

龙 涛 本书合作主编

中国软装艺术中心主席 国家商务部中国纺织品商业协会软装中国·金纺锤软装美学空间设计大赛执行秘书长

敦煌国际设计周评委 国际商业美术师协会特聘讲师 易配者软装学院创始人

易配大师创始人 中管院高级软装设计师 全国职业技能鉴定中心注册全案设计师

2019中国软装行业流行趋势发布人 新时代复兴主义软装风格开创者

出版书籍

《设计师成名接单术》《家居空间与软装搭配——别墅》《家居空间与软装搭配——豪宅》《软装谈单宝典》《软装配色教程》
《重构软装行业盈利新模式》《软装全案设计教程——轻奢风格》《软装全案设计教程——新中式风格》《软装全案教程》

黄 涵 本书合作主编

高级室内设计师 高级陈设设计师 国家二级色彩搭配师

日本JCI四级色彩搭配师 英邸（IN.D）陈设艺术有限公司创始人兼设计总监

D-Fanny软装布艺品牌创始人兼设计总监 广东省建筑软装协会软装导师 北京中关村学院环艺系客座讲师

中国澳门国际设计联合会副秘书长 烟台设计师协会艺术顾问

担任多本热销软装教材的软装专家顾问，参与编撰《软装家具与布艺搭配》和《软装设计元素搭配手册》两册专业书籍。受邀于北京中关村学院、广东省建筑软装行业协会、深圳装饰协会、新设荟等院校和机构担任软装导师。与大自然家居、和信国际家具、菲尼其家具、普洛达家具、简左简右家具、Demora家具、N&B布艺、美居乐布艺等知名家居品牌签订战略合作，为其进行产品配色、软装形象打造、展厅陈列设计并担任常年设计顾问。多次受邀于行业协会组织、机构及媒体进行学术分享和交流。

李 净澄 本书特邀软装专家编委

北京星源汇川建筑装饰公司创始人、暖见全案设计事务所创始人。中级工程师、易学文化传承师、国学教育传承师、建筑环境师、室内软装搭配师、多家企业顾问导师。

擅长城市高铁、国际酒店、园林、办公、私宅别墅空间等项目设计。以独有的"无我、无相、即有相"的思维理念做具有引力的和谐空间。影响更多的人懂得感恩、知足、付出、幸福、圆满、健康自然的生活在环境当中，让处处充满爱，让处处充满温暖。赋予空间融入人性，让天地人三者合一，成就利他，圆满世界，环保于自然点滴之中。

王 红 本书特邀软装专家编委

2005年9月今从业15年，服务范围包含硬装商业空间设计及软装陈设设计服务、别墅景观环境设计服务.服务客户涉及酒店、样板房、高端别墅、会所、商业空间、娱乐场所、连锁形象店、民宿等空间设计及软装设计地。

曾获奖项
2020澳门国际设计大赛邀请赛室内空间类优秀奖 2020澳门国际设计大师邀请赛综合类精英设计师奖

2019中国装饰设计奖酒店空间类专项杰出设计师奖 2019中国装饰设计商业空间工程类金奖

2018中国设计年度人物 2018 CBDA中国软装陈设设计奖年度最具匠心设计人物奖

2017澳门国际设计大师邀请赛软装类铜奖

刘 娟　本书特邀软装专家编委

毕业于中国传媒大学广告专业　　　　　　　　　　菲莫斯软装设计创始人之一
博大逸品（北京）国际装饰设计有限公司品牌运营总监　　深圳同行者联盟文化传播有限公司运营总监
中国建筑装饰协会高级室内设计与陈设艺术设计师
11年软装培训课程研发教学经验，专业从事室内设计和软装陈设艺术设计专业课程的研发、教育培训、技能认证、设计大奖赛、设计师品牌包装的教育、研发、设计、书籍出版工作。

张 艳秋　本书特邀软装专家编委

北京秋舍装饰设计有限公司创始人、设计总监，拥有12年设计工作经验，秉持"自然融入生活"的设计理念，擅长新中式、混搭、民宿风、自然风格等。国内专业民宿设计的先驱者与引领者，其创立的秋舍工作室专注于乡村民宿与精品酒店的规划、设计和实施。曾在2015年、2016年分别受邀参加北京电视台《暖暖的新家》《超强设计》等栏目担任专家设计师。
荣获中国建筑装饰协会2019年度金鹰设计大赛金奖；　荣获中国软装陈设艺术节2020年度民宿设计金奖。

王 翠凤　本书特邀软装专家编委

现就职于长春市第一中等专业学校，中专高级讲师、国际注册高级室内装饰配饰设计师、CIDA认证室内设计师、CEAC认证室内设计工程师，吉林省美学学会会员，吉林省双师型教师、长春市中等职业学校建筑装饰专业带头人、市级骨干教师。
曾多次在国家、省市级教师能力比赛与学生技能比赛指导中荣获一、二等奖。2012年荣获全国中等职业学校建筑类专业"创新杯"教学设计和说课大赛一等奖，2015年被评为全国职业技能大赛优秀指导教师，2016年评为吉林省技能比赛金牌教练等荣誉称号。

王 美芝　本书特邀软装专家编委

About team 创始人　　　　　　　8年设计经验　　　　　　中国建筑装饰协会软装陈设分会学术委员
荣获由中国建筑装饰协会颁发的2020年度中国空间陈设行业杰出青年设计师
亚洲最大分享住宿运营机构——斯维登集团股东之一　　　曾任罗军创办的"斯维登集团"担任室内设计总监
曾任爱彼迎投资民宿运营方"城宿"初创合伙人兼室内设计总监　曾为央视主持人孙姓明星、杨姓明星等设计过私人宅府

王 轼　本书特邀软装专家编委

国家注册设计师　　　　资深室内装饰设计师　　　　香港孔氏室内设计公司　　　　设计部总监
16年设计经验，擅长售楼部、会所、房地产精装交楼标准、房地产样板间、私宅别墅等项目设计

完工项目　珠海岭南世家、中山乾城美、珠海诚丰怡园、珠海诚丰星座、武汉南国明珠二期/三期、洛阳moco1885 M公馆样板间
中山华发生态园、深圳香蜜湖一号、洛阳香醍河畔500平独栋别墅、洛阳龙门一号380平联排别墅和昌花与墅底复、顶复等住宅项目
合肥岱山湖度假村酒店（参与）、桂林隐享澜山公馆（参与）洛阳河洛十三朝禅茶民宿（主案）等商业项目

刘 娟　本书特邀软装专家编委

知名儿童房软装设计专家　　　　ICDA高级软装设计师　　　千万级软装项目实战派设计师
中国软装艺术中心副主席　　　　易配者软装学院副院长
中国软装艺术中心儿童房软装智库专家　广东饰纪家居工程有限公司品牌创始人

王 海勇　本书特邀软装专家编委

中国建筑装饰协会家居建材分会副会长　　台州装饰建材行业协会副会长　　台州职业技术学院特聘讲师
1998年毕业于浙江工商职业技术学院　　2002年创立"易家装饰"　　　2015年创立"埃菲尔"公装设计院
2016年创立"简悦品质整装"公司　　　2017年成立"创纪控股集团"
2017年将亲身经历故事拍摄微电影《风雨承诺》获亚洲微电影大赛最佳作品奖

黄 爱光　本书特邀软装专家编委

架构工程师　　　　　　　　索购国际商业中心（中国）联合创始人　　　　绿色索购平台联合创始人
装象平台城市运营联合负责人　　奢品库居家全案发展联合创始人

林 春　本书特邀软装专家编委

高级色彩搭配师　　　　ICDA国际注册高级室内设计师　　　　深圳佰艺色彩学院讲师
　热爱设计，具有8年实战经验，一直在设计的道路上学习；倡导"减法设计"的理念，对色彩有独特的理解，擅长运用色彩使空间以舒适享受呈现。

林 海燕　本书特邀软装专家编委

贵阳观山湖区政协委员　　贵州省商贸流通企业联合会副会长　　贵州省电子商务协会副会长
贵阳市四川商会副会长　　思伯德家居董事长
经营窗帘布艺至今29年，成功打造美·布蓝美、美家源软装等窗帘品牌，人生格言：有缘兼善天下，无缘独善其身。

王 叶君　本书特邀软装专家编委

　15年室内设计从业经验、建造师、高级室内设计师、高级照明设计师。目前经营管理一家装修设计公司。作为一名资深的设计师，具备优秀的设计能力，与客户良好的沟通能力，同时保持一份对设计领域的热心及目标。未来目标打造属于自己的软装公司品牌，成为地方品牌软装公司第一家。

江 奇　本书特邀软装专家编委

毕业于广东省韩山师范学院艺术系，从业至今二十余年喜爱空间设计行业。
主做会展示设计、室内空间设计。

赵 莉丽　本书特邀软装专家编委

高级室内软装设计师　　毕业于丽水学院环境艺术设计系
从业至今，服务众多家装、会所、商业地产的室内软装设计。
设计以现代风格见长，敢于突破、创新，所设计作品各不雷同，各自精彩，设计手法大气、简练，同时注重细节的精致。

钱 焜　本书特邀软装专家编委

国际商业美术设计师协会讲师、ICDA高级室内设计师、劳动部人才库专家
国内多所大专院校特聘高级讲师、软装色彩空间搭配专家。